DE MELODIE VAN DE NATUUR

最小，更小，小

物质尽头与粒子秘境

IVO VAN VULPEN

[荷] 伊福·范瓦尔彭 著　余宁 译

海峡出版发行集团 | 海峡书局
THE STRAITS PUBLISHING & DISTRIBUTING GROUP

图书在版编目（CIP）数据

小，更小，最小 / (荷) 伊福·范瓦尔彭著；余宁译 . -- 福州：海峡书局，2023.1

书名原文：De melodie van de natuur

ISBN 978-7-5567-1018-8

Ⅰ . ①小… Ⅱ . ①伊… ②余… Ⅲ . ①物理学—普及读物 Ⅳ . ①O4-49

中国版本图书馆 CIP 数据核字 (2022) 第 233245 号

著作权合同登记号：图字 13-2022-070 号

出 版 人：林 彬
责任编辑：廖飞琴 龙文涛
特约编辑：邢 莉 王羽鬵
封面设计：吾然设计工作室
美术编辑：梁全新

小，更小，最小
XIAO, GENGXIAO, ZUIXIAO

作 者：[荷] 伊福·范瓦尔彭
译 者：余 宁
出版发行：海峡书局
地 址：福州市白马中路 15 号海峡出版发行集团 2 楼
邮 编：350001
印 刷：三河市冀华印务有限公司
开 本：710mm×1000mm，1/16
印 张：13.5
字 数：160 千字
版 次：2023 年 1 月第 1 版
印 次：2023 年 1 月第 1 次
书 号：ISBN 978-7-5567-1018-8
定 价：58.00 元

关注未读好书

客服咨询

目录

序言

"不要理所当然地觉得宇宙是存在的,因为很可能并没有宇宙。"这句奇怪、令人疑惑的话听起来像是一篇深奥的哲学思考的开篇,又像是一场智者竞赛鸡尾酒舞会的开场白。其实这句话是物理学家保罗·德容任职阿姆斯特丹大学正教授时,在就职演讲上说的。在他的演讲中,他回答了一个终极问题:存在为什么存在?这个看似简单的问题,其实非常深刻,但如果你只考虑"为什么",你就不会有太大的进步。假设有些东西,比如宇宙,碰巧存在,你可以从更实际的角度思考,比如关注这些东西到底是什么样子的,试图弄清楚在我们这个奇异的世界里万物运行的规律。

当然,你也可以无忧无虑地活到100岁,不去思考电流是如何产生的,水为什么是透明的而石头不是,太阳从何处获取能量,或宇宙究竟存不存在。只有当你第一次(往往是碰巧)问自己"为什么"后,你才会发现自己对身边看起来理所当然或细碎的事物知之甚少。很多问题你只要动动鼠标就能在网上找到答案,但仍有很多未解之谜。不经历一番努力,大自然不会轻易向你吐露最深处的秘密。数代物理学家,比如我,将他们的毕生精力奉献于一点一点地挖掘这些未解之谜。通过仔细地研究和描述周围观察到的现象,我们试图逐步找出引导我们行为的模式和大自然的潜在规则,因为只有这些才能解释潜藏在背后的问题。

　　万物是如何运作的？为什么这么运作？为了扩展知识面，我们必须去探索未知领域。在任何领域，打破边界都具有不可抵抗的吸引力。人们不断打破运动纪录、征服自然极限，也铭记那些具有里程碑意义的冒险者。吉姆·海因斯是第一个在百米短跑中跑进10秒的运动员；埃德蒙·希拉里和丹增·诺尔盖于1953年登顶珠峰，首次登上世界之巅；雅克·皮卡德于1960年创下了人类探索海底的最深纪录，下潜至马里亚纳海沟10 000多米深的海底；1911年，罗阿尔德·阿蒙森成为第一个抵达南极点的人；1969年，尼尔·阿姆斯特朗成为首个登上月球的人。这些都是为人类拓宽想象边界的不朽英雄。无论是现实还是精神世界，他们都拓展了我们的世界，我们也继续循着他们的脚步，迈向下一个挑战。

　　这些先驱者想要成为第一人，想要做得最快、最好，科学家也不例外。他们渴望看到边界，并且设定常人觉得遥不可及的目标。他们也渴望成为回答问题的第一人，解答困扰前人多年的问题。他们前面站着无数学者，从古至今，穷尽毕生以求解这个终极且虚无缥缈的问题就是"为什么"。

　　当我们将冒险和进步与"更大""更好"和"更远"联系在一起时，一些科学家却在探索另一个极端：小、更小和最小。众所周知，孩子往往可以用乐高积木拼出不可思议的结构，从一座简单的塔或城堡到一个巨大的宇宙飞船或整个奇妙世界。但无论他们拼出怎样的造型，都是从一小块积木开始的。大自然中，我们也发现了同样的规律。我们身边所有构成复杂的物体，从恒星到人类，从水滴到病毒，都是由一个个相同的小的结构单元组成的。那些研究构成大自然基本粒子的科学家被称为粒子物理学家，目的是研究这些粒子是如何错综复杂地组成日常生活中的事物。这是一场冒险，一次惊心动魄的发现之旅，就像顺着一条旋转楼梯，一步一步深入宇宙的奥秘。

本书讲述了科学家孜孜不倦探索科学的故事。数百年来，他们追寻大自然最小的结构单元和这些结构单元的内部组成。这种探索有时就像一个无穷无尽地重复提出问题、回答问题和提出新问题的循环。当然，我们也确实在不断地向最终的答案靠近，但迄今为止，我们对大自然的理解中，还有一个令人印象深刻的发现，即宇宙及其规律是非常疯狂的，这一点毫无疑问。

数百年来，和考古学家不断向更深的地下挖掘一样，我们也在顺着旋转楼梯慢慢地向下深入。每一次的新发现就像是发现了新大陆，带来了丰富的知识和宽阔视野，从而让我们对大自然有了革命性的认识，对古老的问题有了新的回答。然而，新发现也带来了新问题，人们发现了更深处的秘密，有了新的期盼和梦想，很明显，我们还没有走到头。

在本书中，我会带领各位顺着这条旋转楼梯往下走，一步步深入我热爱的粒子物理学的世界。但我们必须仔细谨慎，因为这是一个肉眼不可见的世界，受到一些看似神奇的行为和科学仪器的控制，比如量子力学、相对论和粒子加速器等。这些术语对于不了解物理的人来说可能听起来很高大上，但先别急着放弃，我为那些对报纸中描述的新发现感到好奇的人写下了这本书。当我们沿着大自然这条旋转楼梯往下走时，我不仅会向各位介绍一路的发现，还会展示我们是如何迈出每一步的，以及这些发现如何改变了社会。

即使古生物学家从未见过恐龙，未来也不会有人看见，但通过检查恐龙骨骼和其他遗骸，我们能了解到一个将近1亿年前消失的世界。粒子物理学家做着相似的工作，我们探索的世界似乎已经远远超出人类能够达到的范围，就像恐龙对于古生物学家一样遥远。因为我们感兴趣的世界比肉眼可见的世界小了几百万倍，以至于人眼无法直接看到。但是，通过仔细地将粒子间的碰撞残留物整合在一起，正如古生物学家将松散的恐龙骨骼组装成完整的骨骼一样，我们可以深入这个微小的世界当中。

随着科学家不断创造出思考这些问题的新方法，通往了解宇宙基础的不懈探索也将科技的发展推向一次又一次的极限。尽管很少有人真正掌握这些新发现产生的数学公式及其更深层的含义，但为实现这一目标而诞生的发明和技术已无处不在。实际上，这些已成为我们现代社会架构的一部分。如果没有相对论，就没有GPS（Global Position System，全球定位系统）；没有量子力学，就没有计算机芯片；没有反物质，就没有PET（Positron Emission Tomography，正电子发射断层）扫描仪来定位肿瘤；没有粒子加速器，就无法照射发现的恶性肿瘤。

科学的这一分支与人们对它的一贯印象——布满灰尘的实验室里坐着一位孤独的老科学家——相去甚远，反而更像一家跨国企业，每个国家的科学家，无论国别，都在这家大型跨国研究机构里抛弃偏见共同合作。位于日内瓦的CERN（European Organization for Nuclear Research，欧洲核子研究中心），即欧洲粒子物理实验室，就是一个这样的组织。它不仅是一个研究所，也是一项大规模的社会学实验。因为说服几个各执己见的物理学家在一起合作就已经很不容易了，更不用说来自一百多个国家的数千名物理学家了，但是，多亏了他们的共同梦想——希望更多地了解宇宙的基本构成要素以及它的过去和未来。因此，这些奇异的物理学家已经千方百计地将我们的知识前沿成功地向前推进，并发掘出一个又一个新的秘密。

粒子物理学是一场冒险，在这场冒险中，科学家渴望获得关于宇宙运转的重大问题的答案，本书会向各位展示我们已经走到了多么惊人的程度。尽管现实的最深层揭示了，宇宙中的物质是由几个不同的基本构成要素组成

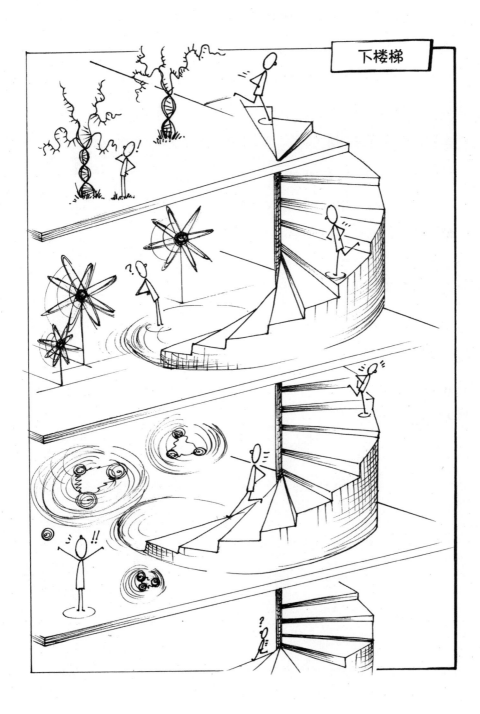

的，但也让我们面临着令人感到困惑的模式和现象。例如，2012年，我们发现行星与和恒星所处的真空并不是真正的空，而是充斥着神秘的能量场。一个赋予所有基本构成要素质量的场，使它们聚集在一起成为太阳和地球等物体。然而，仍有很多事情尚不清楚。是什么机制支撑我们在基本粒子世界中发现的神秘又无误的模式运转？那宇宙本身的起源又是什么？我们对此仍然一头雾水。在某个地方一定有一扇隐藏的门，通向更深层次的基础构成，一个更深刻的真理，足以回答这些悬而未决的问题。但是，那扇门在哪里？怎么通向它？出发吧，我们一起去寻找！

第一章
游戏规则

我们从地上第一层开始这趟探索之旅，这是一个熟悉的世界，因为这一层的事物是我们看得见摸得着的。我们知道自己眼前的路怎么走，从而为我们进一步的探索做好周密的准备。例如，我们需要了解科学家如何通过研究自然规律来发现物理定律。我们还需要认识到，当寻找重要问题的答案时，我们发现的定律无论多么简单，都会对我们的社会产生巨大影响。有时自然规律非常清晰，但答案隐藏在人们肉眼不可见的世界里。究竟如何才能看到比肉眼可见的最小物体还要小100万倍的物体（剧透一下：使用粒子加速器），以及如何在这个陌生的世界中找到问题的答案？在开始向下挖掘前，我们先在坚实的地面上开始这趟冒险之旅。

起点

在过去的几个世纪里，我们发现了自然界的许多奥秘。可这些是怎么被发现的呢？一个苹果无法告诉你为什么被放开后它会掉下来，天空也无法回答你为什么它是蓝色的。要了解自然的运作规律并揭示它的秘密，你必须对宇宙进行非常系统的研究。大自然在各种条件下（普通或极端）都有什么样的规律？在所有细节中，我们观察到了什么现象？

　　这时，你可不能坐那儿干等着大自然给你提供信息，而是要卷起袖子，以可控的方式创造各种条件。这就是实验：一种让大自然告诉我们关于其运转规律的方法。实验会产生大量的事实，我们可以对其进行记录和分类。实验往往告诉我们，无论乍看起来多么复杂的自然现象，都可以追溯到少数看似简单的基本原理。为了找到探索大自然严格遵守的更深层规则和定律，你必须能够分辨收集到的事实中存在的各类规律。孩童在试图理解周围的世界时几乎本能地使用了这一策略：如果我用毡尖笔在墙上画画，我的父母会有何反应？如果在超市排队时我突然大声尖叫，会发生什么事？如果我把手指放在火焰里，就真的会受伤吗？

　　尽管父母可能会以各种方式做出反应（这一点我很有经验），但大自然的反应会遵循牢不可破的规律。这些规律和自然定律向我们提供了有关自然运转的信息，并且它们具有普适性。一旦你弄清楚大自然的运作方式，就可以预测它在未来和其他情况下的行为方式，这就是多年来我们逐渐深入了解这个世界的方法。

　　在科学道路上取得进展并不像过去某些时候那样容易，显而易见，受到一股不可抗拒的冲动驱使，科学家几乎总是在未知领域寻找答案，甚至根本不知道答案是否存在。真正的科学进步是突飞猛进的。大多数时候，我们是一小步一小步地向前走，但偶尔也会突然向前迈出一大步。在这种时刻，我们一般会发现深层的机制，并找到一套更基础的定律。而最初的欢欣过后，我们开始小心翼翼地接受这个新的现实，踏入这个新的世界。当我们这样做时，就会发现在新世界里我们能一次又一次地观察到新现象。这种突破可能来源于某些天才的新见解，也可能仅仅是偶然的发现，或是一种新的实验技术带来的结果，因为这种技术能让我们以完全不同的方式研究大自然。显微镜的诞生就是一个很好的例子，这种新技术揭示了即使是一滴水这样简单的东西中都存在许多生命机制，从而向人们展示了一个隐藏的世界。

这项发明是医学向前迈出的关键一步。这种类型的发现揭示了大自然更深层的秘密，带领我们从理解"怎么样"直接跳跃至发掘"为什么"，因为我们学会了用刚发现的新定律来理解之前观察到的奇怪现象，但这并非它所有的贡献，它还经常帮助我们将之前认为完全不相关的两种现象联系起来。

在开始探索基本粒子的抽象世界前，我想举几个例子来说明我们是如何说服大自然吐露秘密的。有时容易，有时难，但每个例子都表明，理解这些自然现象的动力，既不可逆转地改变了我们对自然的理解，又产生了现代社会赖以生存的知识。在本书后面的章节里，我们的主旨是逐步挖掘基本粒子的世界。每当我们学习某个新见解或发现时，无论它多么抽象或基础，我都会向大家展示它的实际应用，因为这些应用已经成为人们日常生活中不可缺少的一部分。因此，我们会发现，基础研究不但使人们对自然运转有了更深刻的认识，而且对经济和社会产生深远的影响。

踏上自然探索之旅意味着要做第一个吃螃蟹的人，所以你肯定会遇到很多意想不到的、尚未有解决方案的问题。例如，无论你能建造多么坚固的桥梁，一旦你想知道海的另一边有什么，那你就只能造一艘船。有时候，并不是努力就能引领进步，而是需要一个巧妙的点子。想要了解一个围墙封闭的区域内有什么，如果用锤子和凿子在墙上凿，你可能需要几年工夫，但聪明的做法是搭一个梯子。这一切看似简单，因为我们已经知道如何解决这些特殊的问题，但想象一下，第一个提出这些想法的人是如何想出来的呢？

简言之，科学家是真正的冒险家。他们可能不会成为百万富翁，但想想第一个登上珠穆朗玛峰或登上月球的人；或者，在我自己的领域里，想想那些最初发现自然界基本构成要素的人，他们揭示了为什么宇宙中没有反物质；或者想想那些了解真空是真的空无一物，还是实际上充满了一种神秘的物质、一种赋予了所有粒子质量的物质的人。想想这些先驱者取得的成就和永恒的名声。

　　我从一位同事那里听到过一个很好的比喻，它很好地解释了科学家分辨自然规律和构建理论的挑战性。想象你现在是一个刚刚登陆地球的外星人，在这个令你感到处处是惊喜的星球上，你看到的几乎都是机会，但你决定系统性地从一些简单的事情开始。所以，你问自己："这个星球上每个国家都在玩的足球，它的规则是什么？"这是一个明确的问题，似乎很容易回答。但有一个条件：你想看几场比赛就看几场，但你不能和任何人谈论或阅读任何关于这个主题的东西，你能做的只是看。花一分钟的时间去思考，然后问问自己要花多长时间才能想出一份完整的规则清单。

　　你可能很快就会发现，有两支11人的球队，整场比赛在最外围的白线之内进行，球员在45分钟后换边，比赛的最终目标是把尽可能多的球踢进对手的球门。但那两个球员是谁？他们每边一个，很少跑动，穿的衣服和他们的队友不一样，而且还被允许用手触球。你要花多长时间才能弄清楚那两个拿着小旗在足球场边跑来跑去的人在干什么，或了解什么是角球、越位、换人、一些比赛结束时突然的加时赛、赛场上奇怪的线条和点球等？想象一下，要发现所有的规则是多么困难，但即便如此，如果你动力十足并愿意投入大量的时间，这也不是不可能。科学家面临着同样的挑战，但这一次，赛场是我们身处的世界。大自然可不会"免费"泄露它的秘密。只有仔细观察，设计出正确的实验向大自然"提问"，我们才能弄清楚存在哪些现象。

只有这样，我们才能逐步地破译自然界的法则。

　　顺便提一下，从来没有人说过规则必须合乎逻辑。事实上，自然定律并不符合日常逻辑，它俩并不是一回事。量子力学和相对论，我们将在本书中提及的这两个著名的理论，都非常奇怪。在某种意义上，你可以把它们比作足球中的越位规则。虽然很荒谬但真实存在，毕竟这只是比赛的方式。一旦你接受了这项规则，那么在逻辑上，只有某些进球才算数，有些则是无效进球。同样，相对论和量子力学等理论背后那些匪夷所思的原理完全是违反直觉的，可一旦你接受了，它们便能解释我们从原子尺度观察自然时看到的所有奇怪而复杂的现象了。理论是对的。但合乎逻辑吗？并不。

　　通过研究这些奇怪的理论，我们学会了如何在日常生活中应用它们。目前，纳米技术和量子计算领域的许多研究和进展，完全建立在量子力学这一独特的理论基础上。尽管根据该理论，许多实验结果和观察到的现象是"合乎逻辑的"（换句话说，它们可以用量子力学中的奇怪定律来解释），但地球上没有一个科学家能解释为什么世界会遵循量子力学定律。例如，一个粒子怎么可能同时处于两个地方，或处于一种在我们寻常世界中无法想象的纠缠状态？就像你不可能同时处于怀孕和不怀孕这两种状态，但在量子世界里，这种混合态却是非常正常的。

　　一个理论越成功，就越有助于我们理解这个陌生世界的规则和定律，但与此同时，无法解释逻辑框架的基本构成也令人十分沮丧。所以在这种情况下，我们已经从理解"怎么样"直接跳到发掘"为什么"：为什么世界会遵循量子力学定律？一旦我们迈出这一步，问题就从量子力学"如何运作"转移到量子力学"为什么能运作"。换言之，这就立刻引发了一个新的问题。可怜的科学家总是在追逐不断变化的目标。不过他们永不停歇的好奇心为社会带来了巨大的财富，因为由他们的工作产生的创见和应用已经成为现代文明的基石。尽管如此，如果你一直不停地问"为什么"，那么即使是地球上最聪明的科学家也会很快"哑口无言"。

在过去的100多年里，基本粒子物理学家一步一步地试图接近原子核的最深处。在冒险过程中，我们取得了一些重大进展，对宇宙中所有物质的基本构成要素、基本粒子以及自然界的基本力量，都有了更进一步的见解。我们完全有理由为此感到自豪。在深入研究基本粒子世界前，我想向各位展示一些我们人类已经学会操纵的简单自然定律，以及已经发现的自然规律。这三个例子表明，我们认为理所当然的一些事情其实没有逻辑基础，但却在纯基础研究产生的日常应用中起着至关重要的作用。头两个问题涉及电是如何产生的，以及遗传特征在人体内何处编码。

对当今社会繁荣以及人类生活方式的最大威胁之一就是能源短缺。这个问题其实我们不常思考，但目前西方社会对能源依赖程度很高，如果没有电，不到一天整个社会的运作就会完全停滞。试着想象一下，一个标准的工作日突然停电：没有闹钟，没有灯，没有咖啡机，没有汽车，没有电梯，没有自动取款机，没有电视，没有电脑，没有收音机，没有互联网，没有电话，也没有洗碗机。你可以清楚地理解为什么能源是公众和政治辩论的热门话题。本书并不会讨论这个复杂问题的所有方面，如：地球有限的化石燃料供应、紧张的地缘政治利害关系、二氧化碳排放、绿色能源以及核能争议等。这些学科的专家对这些问题的研究可以填满一整间图书馆，并且相关辩论仍在如火如荼地进行。而我，作为一名物理学家，在此处的工作是提出一个问题，一个在上述争论中起不到核心作用的问题，但我希望每个人都能回答：如何发电？例如，如何把一个普通的煤球（烧烤架上使用的那种）变成电流？之所以现在能做到这一点，要感谢大自然通过一个简单的现象向我们揭示了这个秘密。这个看似简单的自然现象从根本上改变了人类的生活和文明。

约150年前，詹姆斯·麦克斯韦成功地用四个著名的公式描述了所有已知的关于电磁的现象，后来这四个公式也一直沿用他的名字：麦克斯韦方程组。它们证明了磁场和电流密切相关，并且解释了极为复杂的电磁现象，包括迈克尔·法拉第早期发现的一种规律，这种规律也为人类发电提供了一种方法。

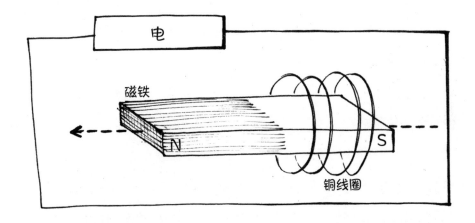

这听起来可能不是很来劲，但如果你拿出一个铜线圈，并使一块磁铁穿过它，磁场就真的产生了。磁场一开始是不存在的，当你把磁铁移到线圈的中心时，磁场会变得非常强，但当磁铁被完全移除后，磁场就消失了。这个过程中导线会产生电流。这是我能用的最简单的办法，而我也不能让它更复杂了。这就是发电的原理，无论是在自行车灯里，还是在最先进的核电站中。

　　当你骑自行车时，你为自己的车灯发电。轮毂发电机是一根长长的、卷起来的铜线，就像长铁丝整齐地缠绕在真空吸尘器的软管上。线圈中有一块磁铁，通过一个叫作滚轮的齿轮与轮子相连。当你踩踏板时，轮子转动，磁铁也转动。根据我们发现的自然定律，改变铜线圈中的磁场会产生电流，而电流确实也流过铜线圈。然后，电流通过一根细金属线传导到灯内，使其升温并开始发光。想不到吧，就一个自行车灯也这么神奇。当然，不是不让人们赞叹高科技能源巨头，只是一座大型燃煤发电厂的运作方式与此大致相同，也是一块磁铁在一圈铜线内旋转。唯一的区别在于磁铁如何移动。在自行车上，你通过踩踏板来让磁铁移动，而在发电厂里，这项工作由涡轮自动完成，这一点倒是十分稀奇。涡轮旋转是因为蒸汽用力推动叶片，而叶片通过齿轮箱与磁铁相连。那么我们如何制造蒸汽呢？通过加热容器中大量的水。那如何加热水呢？在容器下面烧一堆煤。就这么简单！

　　当然，成千上万的人每天都在努力工作，确保这个过程中的每一步在发电厂中尽可能高效，所涉及的步骤比我在此描述的要多得多，但我描述的是基本原理。核电站的工作原理几乎一样，唯一的区别在于水的加热方式。在核电站中，这项工作是通过分裂重原子核（如铀）时释放的粒子来完成的。风能发电的原理也相同：风吹动涡轮的旋转叶片转动铜线圈内的磁铁。

　　这是一个非常简单的原理，但通过改变磁场来产生电流对我们的经济是至关重要的。当法拉第第一次对此有所发现时，没有人想到它们会如何应用。据说，当时的英国财政部负责人威廉·格拉德斯通问过法拉第："但，说到底，这有什么用？"站在他的角度，这个问题确实可以理解。时至今日，科学家每次申请研究经费时，仍然会被问到同样的问题。不幸的是，我们再也无法超越法拉第经典的答案："为什么？先生，因为你可能很快就可以征税了！"那时，人们光是使用烛光就已经很满意了，所以把钱投进蜡烛行业，寻找更高效的生产方法或设计更好的灯芯看起来似乎更明智。然而现在回想起来，如果是这样的话，那么灯泡就永远不会被发明了。

尽管许多科学研究到最后毫无结果，但这确实是一个非常典型的例子，说明真正的创新往往不是事先计划好的。能够改变游戏规则的发明往往来自意想不到的地方。这对政治家和整个社会都是一个重要的提示：除了产业创新，我们还需要为自由和不受限制的基础研究创造足够多的机会，那么相关课题的申请肯定会随之而来。

对于物理学家来说，关注有关电动汽车和氢燃料汽车的公开辩论往往既令人着迷又令人沮丧。我们有时会感到很震惊，尽管科学家和制造商做了很多出于好意的努力，政治家和决策者却连最基本的科学事实都没搞懂。相关的讨论通常聚焦于遥远的未来场景，但只要政治家稍微懂一点技术，产生的影响可能会比世界上所有的科学报告都要大。诚然，特斯拉车不会在你驾驶时释放二氧化碳，但让我吃惊的是，几乎没有人会问电池的能量来自哪里。这种电池通过电源插座充电，而插座的电源来自一个产生大量二氧化碳的燃煤发电站。此外，电池是由重金属和具有极强腐蚀性的酸制成的，并不完全是理想的"绿色"技术。当然，从减少我们对化石燃料的消耗这方面来看确实不错，并且一个大型发电厂也比一千个独立的汽车发动机效率更高。你还可以用太阳能给特斯拉电池充电。尽管如此，电动汽车极其环保这一普遍认知还是有些夸大其词。

这类的辩论也在关于氢经济的话题中展开。这个想法是通过混合储存在不同罐子里的氢气和氧气，然后将它们作为燃料燃烧来发电。这个过程只会产生能源和水，无疑是清洁的。你可能会把它作为你的汽车的终极清洁燃料，但同样，有一个条件，在哪能找到纯氢和纯氧？你可能会从研究水入手，毕竟水由氧原子和氢原子组成。但要把两者分开，你需要能量，这和把它们结合成燃料的过程完全一样，只不过方向相反。那你又要从哪里找到分解的能量呢？毫无疑问，通常是一个大型燃煤发电站或核电站。

当然，也可以是风力涡轮机。不可否认，我们也可以利用绿色能源将氢和氧从水中分离出来。但我主要想表达的是，氢是一种能量载体，而不是一种能源。它确实有一些优势：新能源轿车或公共汽车行驶在市中心时不会释放二氧化碳或烟尘，而且它可以巧妙地储存涡轮机、太阳能电池和发电厂的多余能量供短期使用，但这并不是解决能源问题的办法。

不仅物理学家，许多领域的科学家都试图解释他们看到却不理解的无可争辩的现象。基础研究不仅给了我们电能，还带来了重大发现，这些发现现在是医学的核心。你系统地观察自然时，会发现这是一个数据宝库。有时，一旦你收集到足够的信息，你就可以分辨这些现象并获得更深入的见解。简化论的技术放大了构成事物的基本组成部分，这并不是物理学家的专属。举个例子，我们通过深入研究细胞的组成部分，发现了DNA和遗传信息的编码，这一发现对医学科学的影响超过了简化论的其他应用。

生物学家和农民早就知道动物和其他生物会把性状传至下一代。最著名的例子就是父母和孩子眼睛的颜色。如果一个孩子的父母都有棕色的眼睛，那么这个孩子有棕色、绿色或蓝色眼睛的概率分别是75%、19%或6%。对于不同的性状，有很多这样的概率计算，从猫毛的颜色，到农作物对某些疾病的抵抗力，再到植物适应盐渍土或其他极端条件的能力。在眼睛颜色的例子中，当我们需要解释为什么父母双方都是蓝眼睛但孩子的眼睛是棕色时，仅有的一个严肃问题才会出现（因为概率为零）。然而，遗传特性确实对我们的食物供应有很大的影响。在农业和食品业中，有关遗传性状的知识每天都应用于理想特性的遗传。例如，抗病性、奶牛的高产奶量以及水稻对极端干旱或潮湿气候的适应性等。通过对动植物进行多代的选择性育种，我们可以利用自然界的规律更广泛地获得理想的遗传特性。

大自然遵循着一定的规律，我们用毕生的时间来研究哪些性状会遗传，哪些不会。当然，我们最想回答的问题是：这一切是如何运作的？个体性状的来源显然隐藏在身体的某个地方。但是在哪里呢？是只存在于卵细胞和精子中，还是存在于身体的每一个细胞中？

这个问题直到20世纪60年代才有答案，当时新的检测技术使得弗朗西斯·克里克、詹姆斯·沃森和罗莎琳德·富兰克林（历史书中最后一位常常被"遗忘"）能够研究比人类细胞小得多的结构。他们发现了储存遗传信息的双螺旋结构：脱氧核糖核酸（DNA）。关于眼睛颜色和许多其他遗传特性的信息被证明保存在细胞核中，而书写这些信息的语言靠的是一个只有4个字母的字母表，每个字母对应一个核苷酸：胞嘧啶（C）、鸟嘌呤（G）、胸腺嘧啶（T）和腺嘌呤（A）。这四个有机分子共同编码了我们在生物中观察到的所有特征和复杂现象。通过这一革命性的发现，我们了解到，虽然我们的字母表有26个字母，但只需4个字母就可以记录一个人的完整遗传密码。你如果能流利地使用这门语言，就会立刻知道一个人的眼睛颜色是在哪里编码的，以及为什么有些人容易患某些疾病，而有些人不会。

这是有史以来最重要的科学发现之一，为现代生物医学研究和药物研发奠定了基础。它对细胞分裂产生了重要的见解，同时也引发了一系列新的问题：每个特定的遗传特征在哪里编码？细胞分裂时如何复制DNA？ DNA链中的一个"乱码"会造成什么影响？你如何"读取"这条DNA链？"CTGA"可以组合成哪些"单词"？我们能在基因中找到癌症的来源吗？我们能操纵基因组来预防疾病吗？虽然遗传物质字母表的基本概念已经存在约50年了，但我们还没有完全掌握这门语言。几乎每周我们都会发现新的组合和模式，直到最近才成功地对大部分人类基因组进行了完全定位。

现在的知识正在以日新月异的速度发展。在美国国家人类基因组研究所的网站上，你可以找到有统计数字显示2001年解码整个基因组需要花费1亿美元，但在今天，只需要几千美元。家用试剂盒甚至都可以用来分析唾液样本中的部分DNA。除了医学家，荷兰代尔夫特的塞斯·德克等物理学家也在参与前沿遗传学研究，他们的工作能帮助人们高效地读取一段长DNA链。一旦我们能做到这一点，下一步显然就是开始构建我们自己的DNA结构。

和其他的技术一样，这种发展有好的一面，也有坏的一面。近年来，遗传学的进展几乎每周都会成为新闻。有时是一个新的基因组被部分或全部解码，有时是为了追踪甚至修复疾病的源头而开发的基因修饰。每个人都支持用于早期诊断遗传性疾病的新技术，或是为个体遗传学量身定制的新药，但与此同时，这些创新也引发了诸多伦理争论。例如，我是否希望我的健康保险公司知道我患癌症的风险，如果是，我们可以或应该用这些信息做些什么？社会会如何应对在未出生的孩子身上发现各类遗传疾病的能力，我有权自行决定是否需要这些信息吗？虽然动植物为获得所需性状而进行的选择性育种已被广泛接受，但在人体内直接操纵或合成遗传物质（基因改造）的情况并非如此。这个例子想要表明的是，仅是把可遗传性状汇编成越来越大的数据表格并不会让我们发现DNA，分辨模式、研究基因字母表才是最重要的。我们是否成功识别以及如何运用我们的新见解和新技术，是当前社会争论的问题。

成功识别某种模式，如发现DNA，是科学家取得成功的途径。然而，科学常常令人沮丧，因为我们对研究现象无法做到真正的理解。有时我们需要的是一个灵光一闪的思路，有时我们只是还没有足够的信息或知识进行下一步。

不幸的是，你想了解的关于大自然的问题，并不总能找到令人满意的答案。我们唯一能确定的就是明天太阳还会再次升起。对吧？听起来是那么回事。但爱因斯坦年轻的时候，他可能会时不时地看着太阳，然后想："是什么让它一直燃烧？"

我并不知道阿尔伯特·爱因斯坦那时脑子里在想什么，但很肯定他当时无法回答这个问题。为什么我这么肯定？一个世纪前，世界上没有人知道答案，因为理解答案所需的科学知识，即使是最基本的术语，都还没有出现。奇怪的是，直到大约10年前，在我为学生准备一场演讲时，我才意识到这一点。这是一个奇怪的想法，因为如果没有人知道是什么让太阳持续燃烧，那就意味着没有人知道它燃烧了多久，还有一个不完全是无关紧要的细节：它还会燃烧多久？所以，阿尔伯特和他的科学家朋友是怎么想的呢？其他人又是怎么想的？为什么地球上的每个人对此都不关心？

当然，现在我们知道太阳一直在燃烧是因为每当两个氢原子核在其核心结合成一个氦原子核时，都会释放出能量，而核聚变则归功于太阳内部的高温，但在20世纪初，原子核还没有被发现。直到30年后，科学家才将他们的观察仪器再次推向极限。这一发现会再次激发各式各样的应用，正如我们会在第二章中看到的：不仅是核能和原子弹，还有核聚变，这是我们用清洁能源解决地球能源问题的巨大希望。

开启微观世界冒险之旅

进入陌生领域探险需要准备合适的装备。如果你想去北极，就应该穿上暖和的衣服，带上小刀、拉雪橇的狗和一副雪橇，而不是穿着雨果博斯的西装，带着切奶酪的刀和一辆自行车。如果你想去月球，你需要造一枚火箭，再找一件宇航服。我们这一科学分支也不例外。要深入基本粒子的世界，探索比DNA的基础结构还要小的结构，我们需要一个必不可少的工具：粒子加速器。这台复杂的设备是粒子物理学的重要工具，就像一把瑞士刀，作用多样。

首先，粒子加速器是一种性能优异的显微镜，它的放大倍数是普通显微镜的数千倍。早在这一工具发明前，我们就清楚地认识到，用传统显微镜看到的最小物体有一个基本的尺寸限制。但粒子加速器让我们突破了这个看似难以逾越的障碍，进入一个更小的世界。我们不仅熟悉了每种元素的最小基础构成——原子，而且还进一步了解到它们的更小组成部分。我们还发现，在这个维度上的自然规律与日常生活中的规律有着根本的不同。

在这项新技术的帮助下，我们不停地升级粒子加速器的功能，并发现了它的第二种用途——"核桃夹子"。看到了吗？它们可不只是单纯的显微镜。打个比方，如果你想知道核桃里面是什么，那么显微镜可帮不了你。显微镜可以帮你看到核桃壳表面肉眼不可见的细节，但如果想知道核桃壳里藏着什么，你就得用锤子或核桃夹子把它打开。这是粒子加速器第二种用途的贴切描述：通过向目标发射高速粒子，我们可以打开这些粒子或它们的碰撞目标。通过研究碰撞留下的残骸，我们可以发现被击中物质的内部结构。

但在本书中，我们的冒险之旅主要与粒子加速器的第三种用途相关——创造新的物质。我还想补充一句，我们在实验中惊奇地发现，如果你用极高的能量发射粒子，它们不仅会碰撞，还会产生新的粒子。一开始，这个现象引发了彻底的混乱，因为我们发现了数百种不同的微小粒子，但最终混乱的粒子群变成了美丽的"拼图"，可以用一组有限的拼图块组装起来。这些"拼图块"，以及它们相互吸引和排斥的方式，最终形成了我们所说的标准模型：我们抵达的基本粒子知识的边界，一个至今仍屹立不倒的大框架，解释了微观世界中几乎所有的现象。我们稍后会讨论粒子加速器的第三种用途，但现在，我们先了解它作为高性能显微镜的作用。

在日常生活中，我们用眼睛、鼻子、耳朵、嘴巴和手来感知周围的世界。例如，我们的眼睛和鼻子是早晨区分果酱和黄油的完美工具。同时，我们还知道，尽管我们的眼睛构造复杂，但还是无法看见非常微小的物体。穿针引线已经够难的了，更别提检查蚂蚁有没有牙齿或观察一滴水里有没有细菌。

很久以前，我们就知道如何巧妙地组合镜头来制作显微镜，以帮助我们探索一个更小的世界。即使今天的显微镜已经比安东尼·范·列文虎克的原始显微镜的功能要强大得多，但在观察尺寸方面还是受到了根本限制。显微镜永远检测不到微米级别的物体，这一维度已经小到不可思议。所以，尽管显微镜可以很好地应用于观察细菌和细胞，但它不适用于研究DNA或原子。要突破这一基本障碍，确实需要动动脑筋。我们也确实找到了一个办法，但令人意想不到的是，它要求我们不要用眼睛看东西。

我们之所以能看见物体，是因为眼睛捕捉到了从我们看到的物体上反射出来的光粒子。当你走在街上时，你可以看到周围的人，因为阳光从他们身上反射出来，直射进你的眼睛。你眼睛后面的视网膜就像一台像素极高的数码相机，你的大脑已经学会读取这些图案并将它们转换成复杂的物体。这就是为什么你一眼就能看出灯柱和人、石头和水的区别。我们的内置"数码相机"有两个组成部分：视杆细胞用于测量光的水平，视锥细胞用来辨别不同的颜色，人类视网膜中的这两种光感受器为我们感知周围的世界提供了足够的信息。

无论我们的眼睛和耳朵多么敏锐，它们都不是完美的，这个世界仍然对我们有诸多"隐瞒"。例如，有些音频我们的耳朵无法察觉，狗却能听得很清楚。除了听力好，狗还有惊人的嗅觉，这就是为什么狗在港口和机场被用于追踪藏在手提箱里的毒品和金钱。还有一部分世界隐藏在我们的视野中，我们虽然看不见，但它们真实存在。我们的眼睛并不是无限敏锐的，无法看到所有的颜色。

我们都知道，在捕捉光的强度这一方面人类肉眼存在极限。在黑暗的夜晚，我们人类几乎看不见任何东西，但猫没有这个困扰。因为猫的视杆细胞比视锥细胞多，所以即使在光线很差的情况下也能看见。由于结构不同，它们的视力比人类的更强。猫在黑暗中仍能看到整个世界，一个对人类隐藏的世界，而我们根本没有能力感知它，但有时人们确实需要在黑暗中看清物体，所以，足智多谋的人类发明了夜视仪，它可以增强眼睛可捕捉的少数光粒子，形成我们能看到的信号。真是相当机智！

即使太阳升起了，这个世界仍对我们有所"隐瞒"，因为我们的眼睛无法捕捉到每一种颜色。我说的不是色盲，而是普通人眼的局限性，人眼的视锥细胞只对特定波长范围内的光敏感：从红色到紫色。每种颜色的光对应不同的波长，也就意味着朝你的眼睛飞来的光波的长度不同。我们能看到的最短波长是紫色，最长波长是红色。由于视杆细胞的特殊形状，它们对比红色波长更长或比蓝色波长更短的颜色一点也不敏感，但这些颜色真实存在。它们被称为红外线和紫外线，很多动物都能看到它们：一个在明亮的日光下对我们不可见的世界，因为我们的眼睛根本无法捕捉到它们。

例如，蜜蜂可以看到紫外光，那些波长比紫色略短的颜色，几乎不在我们的可见范围内。这是一项有用的技能吗？当然。除了我们能看到的黄色和红色外，有些花还能显示出强烈的紫外光，人类肉眼根本无法看到。因此，一只蜜蜂飞过一片草地，它可以毫不费力地分辨出草地里的不同花朵，而我们却很费劲。在光谱的另一端是可以分辨出红外光的动物，虽然我们眼睛无法看见红外光，但可以通过皮肤感受到温度。蛇可以利用这项技能轻松地追踪猎物。

我们人类可以利用这一原理发明特殊的装置，比如那些巧妙的夜视镜，用于科学实验。那些称之为人造眼睛、耳朵和鼻子的发明使我们能够发现、观察和探索隐藏在我们感官之外的世界。周围的事物其实远比我们的感官能感知的要多，我们必须时刻牢记，并持续研发智能技术，这样一来，我们才能用其他方式"看"见这部分世界。

400多年前，荷兰的科学仪器发明家汉斯·利珀希发现，透镜的巧妙组合可以放大较小的物体。这一发现可能产生的应用是无穷无尽的。伽利略改进了望远镜，使他能够更详细地研究月球和行星的运动。而我们也学会了如何用显微镜"深入"观察，进入另一个完全未知的领域。例如，安东尼·范·列文虎克在一滴血这样简单的东西中发现了一个奇妙的世界，成为现代微生物学之父。尽管从那以后的几个世纪里，我们一直在稳步改进显微镜的设计，但我们知道，这种探索之路终有一天会结束，因为你依赖光能看到的东西存在一个基本限制。即便使用显微镜，我们也永远看不到小于1微米（大约是头发丝直径的百分之一）的东西。这并不是因为我们无法制造出更好的镜头，而是光波无法被这些小物体反射。

我们发现，光波只会被比它们自身波长更大的物体反射，这是一个物理学原理。就目前而言，我们还无法改变。想象一个弹珠在厨房地板上滚动，它碰到垃圾桶会反弹，但碰到面包屑却没有任何影响。要计算能反射光的最小物体的尺寸，我们需要知道光波的实际大小。正如我提到的，波长因颜色不同而不同，红色的波长较长，蓝色的波长较短，但我们人类可见光的波长通常不到1微米。如果你想看到比这更小的东西，即使用世界上最强大的传统显微镜也不行。

幸运的是，面对这样一个不可逾越的障碍，我们不必认输。我们只需要一个巧妙的点子或一个全新的方法，这就是基础科学的工作原理：无论问题有多大，最终都会找出一个解决方案，继而突破障碍，拓展视野。这个问题也不例外，我们必须远远超越传统技术。

除了用眼睛看，还有很多其他的方法可以判断物体的形状。你闭上眼睛，仍然可以很容易地分辨出刀叉间的区别。科学家使用类似的方法来"感觉"物体，但我们不是用手，而是发射小子弹，观察子弹如何从我们正在研究的物体上弹回。它们反弹或散开的方式给我们提供了关于物体形状的信息。

想象一下，在你的客厅地板上有一个物体，大约1米远，被窗帘挡得严严实实。你的目标是分辨出窗帘后面的东西，而你唯一的装备是一袋100颗小弹珠。你能做的就是用弹珠弹击物体，让它们从地板滚到窗帘下，弹珠会弹到物体上，然后再弹出来。通过仔细观察弹珠如何反弹，并以不同的速度向物体弹击，你可以对窗帘后的物体外观有一个初步印象。如果窗帘后的地板上除了面包屑什么都没有，那么弹珠就会直接滚到上面，然后出现在另一边，仿佛什么都没发生过。如果是一块摆成45度角的木板，弹珠会准确地反弹到左边或右边。这些都是很直白的例子。但是，如果你要分辨窗帘后面是一块薄的木制隔板还是一块厚的铁皮，这项工作的难度就会加大。假设我们用发射弹珠来判断窗帘后面是一个米老鼠还是唐老鸭玩偶，那会更具挑战性。虽然困难重重，但也不是不可能！你需要的是：（1）弹珠；（2）一些关于唐老鸭和米老鼠如何使弹珠以不同方式反弹的判断；（3）一种跟踪弹珠反弹角度的方法。这种观察小物体的技术在科学领域有着相当长的历史，当然，现在他们使用粒子加速器制造瞄准物体的小子弹。（在这里我会继续使用"子弹"这个词，但其实我们谈论的是小粒子。）

　　电子显微镜利用的是同样的原理，反弹粒子来产生小物体的图像，如细胞、蚂蚁眼睛的细节、金属表面或纳米技术中的小结构等，以便我们对其进行研究。例如，电子显微镜可以用电子作为"弹珠"来检查表面或物体。与使用传统显微镜相比，这项技术使科学家能够更深入地研究微观世界，最终打开原子世界的大门。

　　要进入这个世界，我们需要三样东西，毕竟这个世界对我们的眼睛和传统显微镜来说仍然是不可见的。

　　1. 制造微小的子弹并发射它们——粒子加速器。

　　2. 计算子弹是如何被一个特定的形状散射开的——理论。

　　3. 追踪散落的子弹——探测装置。

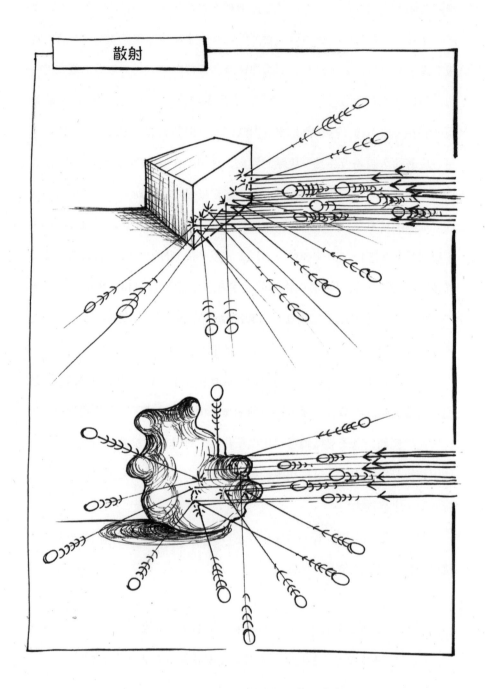

散射

这些是前人准备的三样东西，今天，我们仍在使用它们来探索更小的物体。

粒子散射规律是20世纪早期科学家欧内斯特·卢瑟福得以详细研究每种元素组成部分（原子）的重要因素。稍后我们会更详细地了解他是如何做到这一点的，但大体上，他的方法是以高速向金原子层发射小粒子，并观察它们如何反弹。他对原子的结构有各种各样的设想，但结果只有一个结构符合预设的测量模型。他们发现原子由一个微小的、质量重的、带电的粒子，即原子核构成，周围环绕着许多轻电子在运转。这项新发现告诉我们，微观世界仍有许多秘密，这些秘密会对科学产生深远影响。这一发现引发了一场实验热潮，科学家开始去探索那个神秘世界里的更多秘密。

在这里，我需要补充一点，将粒子视为一个坚硬小球的传统观念并不完全正确，实际比这更复杂一点。在这个尺度上，各类物质遵循的规则——量子力学——表明粒子的行为与波类似。这听起来有点儿难以置信，因为我们周围的物质根本与波不沾边，然而，一次又一次的实验无疑证明了这一点。奇怪吗？是的，很奇怪，并且那些物理学家也觉得很奇怪。唯一的区别是他们对此已司空见惯，并且接受原子世界中并不是什么都合乎逻辑。各种奇怪的规律中，有一条指出：粒子的波长（它的有效尺寸）取决于它的能量，粒子移动得越快，它的能量就越大，那它的有效尺寸就越小。如果我们希望从粒子加速器射出的"子弹"对我们研究对象的某些细节敏感，那么就需要使用比我们正在研究的结构更小的"子弹"。通过增加粒子的能量，我们可以使其有效尺寸变小，这样它们就可以应付尺寸极小的物体，帮我们识别更多的细节。粒子加速器的工作就是尽可能地提高粒子的能量，这样当把它们发射到我们正在研究的物体上时，它们的有效尺寸就会尽可能小。

与传统显微镜一样，这些"粒子显微镜"自早期以来已经取得长足的进步，现已成为许多科学分支的日常器具，用于观察细胞或物质的表面。你看到的任何关于纳米结构、蚂蚁眼睛、红细胞或癌细胞的照片都是用这种技术拍摄的。因此，世界上最强大的显微镜就是能将粒子能量提升到最高的粒子加速器，而现在，这台设备就是位于日内瓦欧洲核子研究中心的质子加速器：大型强子对撞机。目前日内瓦使用的能量最高的粒子，其波长仅为 10^{-20} 米，约为原子核的百万分之一。

虽然我们常把粒子加速器看作是科研设备，但它在人类社会中扮演着更重要的角色。在科研之外，粒子加速器最广为人知的应用是在老式电视机中，就是那种屏幕向外凸出的电视机。点亮屏幕的电子束以高速发射，磁铁使光束来回滑动，击中屏幕上的每个点，从而形成一个图像。液晶电视的兴起使这个例子有些过时，但好在粒子加速器在医疗保健和工业领域也有着广泛的应用。

粒子加速器使微小物质可见的能力带来了科学上的重大突破，因为我们现在可以获得像血细胞或普通细胞某一部分那样小的物体的结构图像。在过去的20年里，制造商一直在竞相制造尽可能小的结构，尤其是在计算机芯片上。在一个新的想法得出后或技术被发明后，详细检查结果（以及任何潜在的问题）是很重要的。这就是为什么几乎所有的高科技公司都使用电子显微镜来获得他们制作的金属表面或纳米结构的图像。医疗保健方面的应用更令人着迷，因为对这个领域还不太熟悉，所以需要更深入地研究。当然，尽管这些粒子加速器的威力远不及欧洲核子研究中心的大型强子对撞机，但科学界在粒子加速和探测技术方面的进步也让工业和医疗保健颇为受益。

我做演讲时，我说每家现代医院都有几台粒子加速器，在场的人都惊讶不已，因为很少有人意识到，要拍普通的X光片或治疗肿瘤，没有粒子加速器是不行的。尽管许多人有X射线成像或肿瘤放射治疗的第一手经验，但很遗憾，几乎没有人知道这些技术是如何运作的。病人通常会担心很多别的事情，当你躺在那张桌子上时，你不会关心它到底是怎么工作的，但由于这些都是粒子加速器的应用，我还是得向你介绍一下具体情况。

第一个为人熟知的医疗技术是X光片：一种透过皮肤直接看到骨骼的技术。制作X光片图像的过程与用粒子加速器将小粒子射向物体后又弹回的过程很像。拍片时，医生向你发射X光（实际上是光波），并检查它们是否能穿过你的身体，这些射线有足够的能量穿过柔软的皮肤和肌肉，但不足以穿透硬骨，一旦碰到骨头或其他坚硬的材料，它们就会停下。所以拍片时，主要的问题不是X光反弹的角度，而是它们在穿过你身体的过程中是否受到阻碍。即使你无法用肉眼看到穿过身体的光线，你还能用另一种方式使它们可见。实验发现，有些材料在受到X光照射时会变暗（比如老式相机中的胶卷，在可见光下会变暗）。如果你把这种材质的片子放在被扫描的患者身后，就会得到一张详细显示硬物在体内确切位置的照片。当然，它也会告诉你身体哪里少了"零部件"，如骨折处。你可以把它比作一辆路过的卡车溅了你一身泥后墙上形成的轮廓，说个不太美妙的比喻：你的身体阻止了泥点前进。这确实是个很好的创意，但那些X光是从哪里来的？这时，粒子加速器就起作用了。它将电子以很高的速度激发出来，然后用它们撞击金属板，释放出X光，然后瞄准医生想要拍摄的区域。所以，没有粒子加速器，就不可能有X光图像。

传统的X光片可以非常详尽地显示你的骨骼状况，但有时我们需要一些更清晰的焦点。一种可能性是单纯地释放更多的射线，但这会带来一定的风险。因为每次照X光时，医院或牙医诊所的专业人士都会离开房间，毕竟辐射是危险的。当它穿过你的身体时，会造成严重的细胞损伤，甚至可能导致癌症。为了降低这种风险，我们不得不接受图像不会像理论上那样清晰。但还有第二种方法可以获得更清晰的图像，就是让感光板更灵敏。这就好比提高数码相机的像素。科学家和相机设计师一样，也在不断改进探测技术，他们也的确做到了，并且制定了各种措施将新技术引入到医院。毕竟只有提高了探测设备的灵敏度，我们才能用同样的辐射量拍出一张更清晰的X光片，也可以选择用更少的辐射量拍出同样分辨率的X光片。如果你只拍一张X光片，那需要的辐射量不会有多大区别，但是CT（计算机断层扫描）相当于拍200张X光片。在这种情况下，技术的进步意味着更少的辐射，从而降低病人的健康风险。

　　一个典型的例子就是由科学界和工业界共同发起的一项名为MediPix的计划，其重点是医疗应用、检测技术和芯片读取，为彩色X射线技术开创了先河。到目前为止，我们讨论的X光图像都是黑白的，显示具有某种强度能量的射线能否穿过人体。黑白图像的一个缺点是，你无法判断光线是被一块5厘米厚的骨头还是被一块2毫米厚的薄铁板挡住的。假设我们可以用整个光谱的光线来代替单一的能级，这会给我们提供更多信息，因为我们可以看到粒子通过每个障碍物需要多少能量，这一原理已经被恩里科·希奥帕等研究人员在荷兰国家亚原子物理研究所（NIKHEF）的博士研究中证实。荷兰粒子物理学家进行了大量的实验，并思考如何为新技术作出贡献。对于像恩里科这样的科研团队来说，将他们的研究成果应用于医院是一次巨大的突破。这需要进行大量的数学运算，不过幸运的是，荷兰国家亚原子物理研究所所在的阿姆斯特丹科技园正好是荷兰著名的国家数学与计算机科学研究中心（CWI）的所在地。这些研究所共同致力于这个装置的测试，向全世界宣告了全尺寸彩色X光系统的可行性。

很不幸，几乎人人都认识一个需要放射治疗的癌症患者。这种类型的治疗需要使用高能辐射，就像X光一样，但能量要大得多。它将这种辐射的主要缺点之一（损伤细胞）转化为优势，即用来摧毁癌细胞。"放射"是指用高能辐射轰击来破坏细胞。粒子加速器之所以发挥作用，是因为它能产生辐射。这很像X光的产生：普通粒子首先被加速到高能状态，然后撞击到金属靶上，释放出可以聚焦在病人身上的辐射。没有粒子加速器，就没有辐射，这就是为什么荷兰的每家大医院都有功能相当强大的粒子加速器，即回旋加速器。

放射治疗的好处是，它能针对肿瘤所在的位置，破坏癌细胞中的DNA。但众所周知，在辐射到肿瘤的过程中，也会破坏或损伤很多健康细胞，甚至可能引起癌变，因此，我们希望把这种伤害控制在最小限度。过去几十年的许多实验让我们了解到粒子是如何在生物组织中损失能量的，所以我们清楚肿瘤周围的区域会跟着遭殃。医生试图通过从多个不同的角度将粒子瞄准患者来限制对健康细胞的损害，从而使辐射更多地聚焦在肿瘤周围。但遗憾的是，目前没有办法能完全阻止辐射对健康细胞的损害。对于一个罹患肿瘤的患者来说，如果肿瘤靠近眼睛，或靠近脊髓，那确实很不幸。同时，放射治疗对儿童也有害，因为他们的大部分细胞在将来会继续分裂。

最新的强子疗法可以解决这些问题。这是一种新型放射治疗，它能将所有的辐射剂量送往一个地方，从而最大限度地减少对健康组织的损害。通过粒子物理学，我们了解到辐射如何穿过人体，并在过程中逐渐损失能量。这就像一辆自行车在沙滩上刹车，它均匀地快速减速，直至停下来。但我们也发现了另一种方法。有一些粒子（质子）可以几乎不费吹灰之力地穿过物质，它们会逐渐减速，但在即将处于静止状态的一瞬间突然释放能量。这听起来正是我们需要的：用质子而不是通常使用的光子进行放射治疗，这样我们就能只破坏肿瘤而不会损坏它周围的所有健康细胞。如果你能精确地知道肿瘤在体内的位置，那你就可以计算出质子射入人体的速度，这样质子就可以停止在确切的位置，对癌细胞施加影响。当然，你还是需要一个粒子加速器，它能给质子提供相应的能量。巧了，这正是粒子物理学家的"核心业务"！

现在，强子疗法的价格仍然非常昂贵，并且只在部分地区可用。我不是经济学家，所以我无法计算所有的成本和收益（我也不想纠结于一场关于人类生命价值或多活一年的道德伦理辩论），但这至少带来了一个令人振奋的可能性。在未来的几年里，科学家会继续致力于创新研究，以及与医生合作如何取得新的成功。

近几个世纪以来，科学家不断挖掘我们周围事物规律的驱动力助力了人类知识宝库的形成。科学不断发展新技术克服障碍，深入研究大自然的秘密。在物理学分支中，粒子加速器被证明是探索基本粒子世界的关键，它帮助我们进入原子世界，研究原子核，并随着著名的希格斯玻色子的发现，抵达我们今天所知的最深层次。

第二章

原子革命

在20世纪早期，科学家还远远没有意识到，所谓真空并不是空的，而是充满了难以捉摸的希格斯场。这个世界看似井然有序，人们对它了如指掌，真空也只是空的。从那时起，没有人怀疑我们已经发现的基本粒子的存在。当科学家谈到基本构成要素时，他们指的是最小的元素，如金和氧。那个时代，几乎每年都会发现一种新元素。科学家甚至在它们的性质中发现了一种规律，并提出一个整齐的架构，其中每个元素都有自己的位置，于是就有了著名的元素周期表。这张表似乎解决了他们的所有难题，化学家可以愉快地把具有相似性质的物质整齐地排成行和列，并追踪还未发现的元素。这样一来，找到所有的元素似乎只是时间问题。

虽然这令人兴奋，但在某种程度上，这和会计一直勾选票据上的方框一样，也令人感到乏味。那时候，科学家还不知道他们正处在最伟大革命的边缘，和苏联宇航员瓦伦蒂娜·特列什科娃等第一批进入太空的人类一样，一个名为欧内斯特·卢瑟福的人会带领人类进入原子世界。卢瑟福会是第一个揭示大自然神秘力量和现象的人。这些奇思妙想是他那个时代的物理学家从未想象过的，但完全是在已公认的科学范式下挖掘出来的。

一百多年前的1912年，实验物理学家卢瑟福用他开创性的实验开启了现代粒子物理学。他发现每个原子都有一个非常小的中心核，即原子核，电子围绕原子核以固定轨道旋转。在随后的几年里，其他科学家的大胆尝试使得将微小的原子核分解成更小的结构成为可能，他们发现原子核由两种不同类型的基本构造组成。20世纪30年代末，在元素周期表基本完成后，科学家发现，由80多种元素组成的整齐的元素周期表隐藏了更深层次的秘密。令人震惊的是，他们发现地球上所有的物质，每个元素的每个原子，包括宇宙中所有的物质，都是由三个基本构成要素组成的：质子、中子和电子。

也就是从那时起，科学家开始构建一个新的逻辑框架，以解释所有奇怪的观察结果。他们发现的新体系推翻了我们原本对自然的看法。这种新结构的理论支撑，如量子力学，虽然既奇怪又不合逻辑，却构成了我们物理学的基础。尽管这些理论对我们来说仍然没有直观的意义，但我们已经逐渐习惯它们，并将这些看似不合逻辑的现象的新逻辑作为一个基本概念。

将这些理论运用于原子上，原子核便成为我们探索事物最小结构的一个关键阶段，而这个阶段最终会引出一个新的空间概念和其间所包含的物质。研究这一发现的过程有很多有意思的方面：技术上的突破、研究人员的坚持、他们钻进死胡同时的沮丧、他们敏锐的洞察力，以及取得进展时的快感。但这些尝试最奇妙的地方在于，他们的发现现已应用于我们日常生活的方方面面。这也回答了一个经常针对基础科学家的问题："这项研究对我们有什么用？"事实上，如果没有这项基础性研究带来的成果和新见解，我们的社会会和当前所见大相径庭。

让我们看一看那些发现已被广泛应用的几个例子，我们直接略过原子来说说原子核。原子核的发现向我们展示了太阳如何燃烧，人类如何制造出能毁灭人类的理想武器（核弹），以及如何能够利用取之不尽、用之不竭的廉价清洁能源。

　　探索物质的第一步揭示了潜在的规律，并提供了有关世界如何运转的信息宝库。对这些微小粒子的发现迫使我们彻底改写原有的自然定律。这次旅程给我们带来了著名的量子力学理论、质子和中子等基本粒子、神奇的泡利不相容原理、放射源、核力、核裂变和核聚变、原子弹，以及全球能源问题的潜在解决方案。关于这些主题，我们可以写很多书，也确实已经写了，但我还是坚持向读者传达重点。

原子

　　你知道地球上的沙子、黄金、水和碳，却可能不太清楚钕元素的存在，水实际上是氧和氢的化合物，以及我们呼吸的空气不仅含有氧气，还有氮气。1700年前后，大约有10种已知的元素，化学家在分离新元素方面也越来越得心应手。一个世纪后，人们发现了32种元素，到20世纪初，地球上几乎所有的化学元素都已明确。一旦确定了每种元素的所有特性，科学家就开始寻找它们的相似性和差异性。例如，银和金是不同的，但两者都是重金属，不可否认的是，它们之间的相似程度超过了气体元素，如氧气和氢气之间的相似程度。19世纪，俄国化学家德米特里·门捷列夫按重量对原子进行分类，他的体系，即元素周期表，至今仍在世界上每所中学中被广泛学习。当人们发现这个体系能够准确地预测元素特性时，它的优势就变得很明显。那时的元素周期表上还有空位，由于每个缺口的位置提供了有关缺失元素性质的信息，因此人们不仅可以预测从未观察到的元素的存在，还可以预测它们几乎所有的特性。这个分类体系或理论的另一个成功之处在于，没有发现一种元素与这个体系不相配。到 20 世纪初，很明显自然界中只有不到 100 种元素物质，每种元素中最小的不可分割的部分被称为原子。但直到 1912 年，没有人知道原子长什么样子。

1905 年对爱因斯坦来说是硕果累累的一年，对物理学来说则是奇迹般的一年。在那一年，爱因斯坦不仅发表了相对论，而且还解释了光是由能量构成的，这一理论后来还获得了诺贝尔奖。此外，他还提出了著名的公式 $E=mc^2$，表明质量和能量是等价的。在本书中，我们会多次提到这一理论，因为它意味着你可以将质量转化为能量，反之亦然。这些成就足以使爱因斯坦在一众科学伟人中占据一席之地，而同一年他又完成了另一项非凡成就：他计算出一定有原子这样的东西。爱因斯坦的研究表明，要解释流体中粒子的不稳定运动，例如，花粉在水中漂流，你必须假设花粉颗粒与流体的组成部分（原子）发生碰撞，而原子具有特定的扩散速度。

那时候，科学家已经很清楚，一个原子肯定比 1 微米还要小，但仍然不知道它长什么样。毕竟，在当时还没有足够灵敏的显微镜可以捕捉到原子。正如欧洲人在 19 世纪探险前常常会对非洲或美洲的未发现之地抱以各种幻想，以及 1959 年之前我们常常讲述月球背面可能发生的故事一样，20 世纪早期，科学家也沉迷于对原子真实性质的猜测。当时在学术界赢得最多支持的观点是，原子是一个球体，在这个球体中，小而轻、带负电的电子（已知存在于原子内部）像葡萄干一样环绕在一种带正电的"布丁"周围。

卢瑟福当时用来确定原子结构的著名实验技术，与 100 多年后的今天我们寻找和理解物质最小的基本构成要素时使用的技术基本相同。正如我提到的，该技术的基本思想是，你可以通过研究"子弹"如何从物体上反弹来了解更多关于该物体的信息。卢瑟福的"子弹"就是所谓的阿尔法粒子（α 粒子），它以高速运动，撞击只有几个原子厚的一层金箔（如同很薄的铝箔，但是由金制成的）。

在实验之前，卢瑟福已经很清楚实验可能产生的结果。如果原子真的像柔软、流动的"布丁"，里面有微小的"葡萄干"在移动，那么速度快且质量大的 α 粒子会直接穿过它们，如同大理石直接穿过奶油冻一样。为了证明自己是对的，卢瑟福必须证明所有被发射出去的 α 粒子都会从箔片的另一面出来，为此，他使用了一种荧光屏，每当被氦核（实际就是 α 粒子）击中时就会产生一道小闪光。以防万一，他在整个实验的周围都放置了这种屏幕，不仅在金箔后面，还有侧面，甚至在 α 粒子源后面。

事实证明，这个做法非常明智。当他做这个实验时（或者说，当他的博士生汉斯·盖格和欧内斯特·马斯登被委托来做这个实验时。这种委托是科学界的工作惯例），他们发现虽然大多数 α 粒子都是直接穿过的，极其偶然地，会有某个 α 粒子产生大角度散射，有时甚至某个 α 粒子会被直接反弹回来。所以，如果原子真的像柔软的布丁一样，就不可能产生这样的结果。卢瑟福表示这是他见过的最奇怪的事情，并作了一个生动的比较："这几乎难以置信，就像你向一张纸巾发射了一枚38厘米长的炮弹，炮弹却反射向你一样。"

只有一种可能能解释这一奇怪现象，那就是原子中间有一块如岩石般坚硬的实体，坚硬到足以让一个速度快且质量大的 α 粒子反弹回来。通过系统地研究粒子偏转的角度，他们可以更多地了解这个内核。最终，剩下的唯一符合他们收集到的所有数据的解释是：几乎所有原子的重量都聚集在中心的一个微小的点上，而电子围绕它在轨道上有规则地旋转。

在传统的原子图中，原子核通常看起来相当大。实际上，它是一个被电子云包围的极小的点。如果你把电子云想象成一座大教堂，那么原子核就像圣坛上的苍蝇，沿着大教堂外墙漂移的电子比面包屑还小。换句话说，构成地球上所有物质的原子几乎是空的，卢瑟福解释这一发现的论文在一个多世纪后的今天仍具有很强的可读性。计算一个带电的 α 粒子撞击原子核产生偏转的轨迹（经典的或其他类型的轨迹）并不容易，但每个大学物理系的学生都会在某个阶段进行计算，试图追寻这位科学巨匠的足迹。这个实验得出的原子模型是我们大多数人熟知的，因为我们在学校学习过这部分内容：

- 原子核是一个带电的小球，几乎占原子的全部质量；
- 轻量电子围绕原子核以规则轨道运动；
- 每个电子轨道都有它能容纳的最大电子数。

现在看来，这个结果似乎并不令人震惊，因为我们在学校里学过这种模式。重要的是，要认识到卢瑟福在当时发表这些结果是多么勇敢。尽管他的测量结果证明他的原子模型是正确的，但该模型与当时人们理解的自然定律完全不相容。科学家为解释这一不寻常的现象所做的努力开创了一个崭新的时代，带来了许多新的视角，而这些视角又成为当今自然科学的支柱。

对于物理学家来说，小而轻的粒子围绕大质量物体旋转的运动是很寻常的。这就像行星绕太阳旋转，或月亮绕地球旋转一样。万有引力定律是300多年前由艾萨克·牛顿提出的，而定律的应用也已经非常成熟。我们不仅用它来描述月球绕地球的运动，还用来解释苹果为什么会掉到地上或炮弹会落在哪里。尽管这一经典力学理论是在很久以前发展起来的，但当我们想知道较大物体的运动模式时，仍然会求助于它。

尽管这一理论很成功，但当科学家将同样的技术应用于原子中电子的运动时，遇到了很大的麻烦。有一种截然不同的力在起作用，但在最重要的方面（力的强度与两个粒子之间距离的二次方成反比），这种力和引力很像。问题是电子是带电的，而带电粒子在彼此绕转时会失去能量。这意味着一个电子会在几分之一秒内逐渐失去能量、减速，然后撞向原子核，至少理论上是这样。那实际上呢？事实上，这意味着原子不可能存在很长时间。即使由于某种费解的原因，电子可以保持在围绕原子核的完美轨道上，那为什么它们会像卢瑟福发现的那样被限制在特定的固定距离内呢？因此，根据当时公认的理论，卢瑟福从实验中构建的原子模型是不合理的，这个模型产生的问题比它能回答的问题还多。在这样一场理论与实验的经典对峙中，理论往往是输的一方，当年说泰坦尼克号永不沉没的理论在泰坦尼克号被海浪吞没后就销声匿迹了。同样，电子在规则轨道上均匀地旋转清楚地表明，有些理论还欠支撑，但究竟是什么呢？

正是这些无法立即获得答案的问题，让物理学家夜不能寐，也最终引领科学思考迈上新台阶。类似于"事实就是这样"的解释并不能让科学家满意，他们需要掌握潜在的逻辑，这驱使他们不断地进行实验和辩证，朝着解决问题的方向努力。最终，丹麦物理学家尼尔斯·玻尔在灵光一闪间洞察到了前进的方向。他奠定了一种概念结构的基石，一举解决了所有这些令人困扰已久的问题。物理学再也不是原来的样子了：量子力学就此诞生。

为了理解玻尔当时的想法有多匪夷所思，我们必须在熟知的物理现象和新概念之间划清界限，然后回到绕原子核旋转的电子和绕地球旋转的月球之间进行比较。许多原理是完全相同的，而且解释月球绕地球运动的定律已有数百年历史。但这并不意味着它们很容易应用，远没达到那种程度。计算一块石头从帝国大厦顶部落下大概需要多长时间是相当容易的，但是，即使像三颗行星的运动这样看似简单的事情，如果没有计算机也无法准确预测。这并不是因为我们科学家懒惰，这只是未能解决的许多简单问题中的一个，尽管我们确实有各种各样的数学工具。

不幸的是，中学和大学课程中出现的许多物理问题往往需要非常复杂的计算，而对于许多人来说，数学是一道不可逾越的障碍。即使是大学生和科学家，这也会分散他们对科学概念和观点的注意力。在大学里，我们试图指导学生把物理和数学分开，但这说起来容易做起来难。通常只有通过抽象数学才能牢牢地把握基础原理。毕竟大多数情况下，我们的直觉并不准，要么是因为想不出正确的类比，要么是因为新发现的逻辑与日常生活的逻辑根本不同。那再回到月球绕地球旋转的类比，我们很快就会明白，我们必须放弃直觉，才能掌握电子的运动原理。

在月球绕地球运行的案例中，这一切都很简单。月球和地球都很重，只有一个力决定了它们的相对运动：引力。地球和月球相互产生引力。如果月亮静止不动，它就会像熟透了的苹果一样落到地上。之所以没有发生这种情况在于月球相对于地球在运动。由于月球的运动速度很快，在正常情况下它可以逃脱地球的引力。但是，由于这两种效应：月球快速摆脱地球引力，地球又在用力拉扯月球，以一种惊人的平衡相互牵制，所以月球围绕地球以一个整齐的圆为轨道运动，并持续了数十亿年。

如果你对万有引力定律的细节较为了解，或回顾一下中学课本，你很快就会理解，在固定轨道上绕地球运行的物体的速度只取决于它与地球中心的距离。所以，只要你知道这个距离，你也就知道它的速度。它离地球越近，移动的速度就会越快，从而避免和地球发生碰撞。准确地说，如果物体离地球的距离缩短到之前的四分之一，它的速度就必须是之前的两倍。

国际空间站在离地球约400千米高的轨道上绕地球运行。为了避免坠落或被抛入太空，船上的宇航员必须保持约每小时28 000千米的速度——不能快也不能慢。尽管大多数卫星，如国际空间站，离地球并不远，但其中有一些被特地设定成与地球同步的速度环绕地球运行，这种特殊类型的卫星被称为地球静止卫星，它每24小时绕地球运行一圈，因此始终保持在地球上同一位置的上方。这对于间谍活动之类的很有用。如果你数学不错，可以计算一下，你会发现这种类型的卫星必须在离地球表面36 000千米的位置才能与地球保持相对静止。

这些自然定律是普适的，它们同样适用于绕太阳运行的行星。因此，如果你某天了解到火星到太阳的距离是地球到太阳距离的1.5倍，那么你马上就能知道火星的移动速度比地球慢25%。而且由于火星的轨道也更长（它离地球更远，所以它还有更远的路要走），它需要680天才能绕太阳一圈，而不是地球需要的365天。行星的质量在这个计算中不起作用，所以你不必知道它是多少。这些知识不是巫术，而是物理学，你不必记忆有关火星的特性，你可以从宇宙定律中推断出很多性质，非常方便。

就像月球在微妙的平衡中围绕地球旋转一样，原子中的电子也在围绕原子核运行。乍一看，这两个体系并没有什么不同，只是原子核和电子都带电。这似乎并不重要，但其实这种差异至关重要，因为引力不再是唯一的作用力，我们还必须考虑电磁场的作用。比较这两种力的强度，我们发现电磁力作用更强：大约50 000 000 000 000 000 000 000 000 000 000 000 000倍于引力。所以，引力在原子内部作用较小。为什么引力与其他力相比如此微弱，这仍然是物理学一个悬而未决的重大问题。我们会在第六章回到这个问题上来。然而，有趣的是，电磁力就像引力一样，随着粒子间的距离越来越远，会变得越来越弱。电子离原子核越近移动得越快，就像行星离太阳越近转得越快一样。

到目前为止，这个类比似乎很完美，但其实是一种错觉。有一个问题：虽然月球和地球在绕地球运行时不会失去能量，但原子中的带电粒子在相互环绕运行时会逐渐流失能量。从理论上看，这会逐步减慢电子的速度，并使其在一秒钟内撞向原子核。换句话说，卢瑟福实验中产生的原子模型不可能存在，至少理论上不存在。然而，实验表明，这种原子存在于现实中。

在玻尔找到最终解决方案之前的5年，原子的稳定性一直是个谜。不是每个人都接受这一模型，但它确实起了作用。玻尔的想法在当时看起来很奇怪，事实上今天仍然如此，他认为粒子在原子水平上的某些特性不能有任何值，它的值必须是某个最小值的精确（或整数）倍数。玻尔当时提出了一个物理学家现在熟知的特性：原子中电子的角动量。

角动量是一个物体绕另一个物体转动时的能量特征。更准确地说，它是电子到原子核的距离乘以角速度。对于物理学家来说，这是一个重要的量，因为它是一个不变的量，也就是说，它是一个守恒量。角动量守恒最著名的一个例子你可能经常见到：花样滑冰运动员在最后一个旋转动作中，通过将手臂靠近身体进行加速。通过将手臂向内拉，她将更多的质量集中于身体，由于角动量必须守恒，她开始加速旋转。在YouTube上有这样一段视频，工程师罗尔夫·胡特和他的儿子通过转动操场设施展现了同样的原理。

　　由于自然定律是普适的，它同样适用于围绕原子核以规则轨道运动的电子，因此，电子的速度取决于它与原子核的距离，就像宇航员绕地球运行时的速度一样。电子的角动量只取决于一件事：它与原子核的距离。假设你是原子中的一个电子，一旦确定了你与原子核的距离，你就必须以一个特定的速度转动（这个速度决定了你的角动量）。从理论上看，你也可以在一个更大的轨道上自由移动，但你就不得不放慢一点速度。到目前为止，这个理论还不错，但现在我们来看看玻尔破解轨道电子难题的想法：

　　　　玻尔认为：“原子中电子的角动量不能有任何值，它必须始终是一个很小的量$\hbar$的倍数，也就是我们熟知的约化普朗克常数。”

　　换句话说，角动量是一个属性，不能有任何值，然而它有特定的量子数，这个值是量化的。如果你觉得这很奇怪，那你的感觉没错。玻尔为什么提出这个设想，它又有什么帮助呢？

　　有这样一个地方，在那里，量化被认为是理所当然的：乐高乐园。当你使用乐高积木搭玩具时，它的尺寸总是单个乐高块外形尺寸的倍数。同样，超市里买不到一箱半牛奶，而你必须在一箱和两箱之间做选择。但是大多数的属性，比如你开车的速度，都不会受这种限制。如果每个人都要以每小时10英里（1英里约等于1.61千米）的倍数行驶，那世界会变得很奇怪。你不可能每小时走了65.7英里或72英里，但必须得坚持精确到60、70或80英里。这没什么意义，对吧？然而，一些值的量化不仅在乐高乐园中存在，在微观世界中同样如此。

　　没有任何理由表明微观世界的运作法则需要与现实世界一样。玻尔的想法有明显的优势。如果角动量只能是特定的值（特别是最小值的整数倍数），那就能解释为什么电子不会撞向原子核。为什么？假设一个电子在最里面的轨道上，它的角动量正好是一个 $\hbar$。根据物理学的原有定律，电子会逐渐失去能量，并向原子核移动。这会使其角动量略微变小，例如，$0.98\hbar$。但这是不可能的！为什么呢？因为尼尔斯·玻尔的新自然定律表明，电子的角动量必须是 $\hbar$ 的整数倍数，例如，$1\hbar$ 或 $2\hbar$，而不是 $0.98\hbar$。所以电子可能"想"撞向原子核，但玻尔的新定律"不允许"。电子被困在轨道上，原子是稳定的，就像卢瑟福在他的实验中观察到的那样。

　　这看起来像是一场骗局，因为尼尔斯·玻尔从来没有解释过为什么会这样，而我们现在仍然不知道其中的缘由。量子化仍然是物理学的一大谜团。更简单地说，自然定律无法用逻辑解释。每当我问为什么苹果会掉到地上时，我大二的学生总是嘲笑我，并告诉我："显然，这是因为苹果和地球之间互相吸引。"当然，我知道这是真的，但当我接着问为什么，他们却答不上来。这很有趣：当他们思考一个现象的深层原因时，你几乎可以听到硬币掉落的声音（没有双关语），有些学生甚至是第一回产生这样的思考。同样的情况，当我和我的硕士生讨论时，沉默的时间通常更长，他们一般会说："因为根据广义相对论，时空是因地球质量弯曲的。"但如果我继续问："为什么地球的质量会导致空间弯曲？"于是，一阵沉默。量子力学同样如此。这是我们无意间注意到的大自然的特质之一，我们承认定律的存在，也可以在我们的计算中使用它，但即使是科学家也无法做出解释。

　　通过计算电子的角动量正好为 $1\hbar$ 或 $2\hbar$ 的距离，玻尔可以精准地确定稳定的电子轨道对应的距离，以及这些轨道上的电子有多少能量。换句话说，玻尔不仅预言了电子轨道（被称为壳层）和能级的定性性质，还预言了它们的精确定量值。

各位有心人士和行家可以在本书之外获取一些额外信息。玻尔精确地发现，对于轨道 n（n=1，2，3，4，依此类推）中的电子：

$$距离 = \frac{\hbar^2}{\alpha Q_e Q_p m_e} \cdot n^2 \qquad 能量 = \frac{\alpha^2 Q_e^2 Q_p^2 m_e}{2\hbar^2} \cdot \frac{1}{n^2}$$

公式中，m_e 是电子的质量，Q_e 和 Q_p 是电子和质子的电荷，α 是电磁力的强度，$\hbar$ 是约化普朗克常数，其中 n 是唯一的变量。

太神奇了，这个公式瞬间解释清楚了为什么第二和第三轨道上的电子离原子核的距离分别是第一轨道上电子的4倍和9倍，而且只有1/4和1/9的能量。不仅如此，由于这个公式的所有参数都是从其他测量中得知的，玻尔可以据此作出准确的预测。电子环绕原子核（n=1）的最小距离为 5.3×10^{-11} 米，这些电子的能量预计为 –3.6 电子伏特，就像实验中的那些电子一样。所有的谜团都解开了，科学家不必被迫说："这就是事实。"相反，他们可以从已知的自然常数中预测这些值。几乎所有都安排妥当了，是的，几乎所有。

简言之，玻尔发现，当你开始研究原子层面的规律时，你会发现自然定律以一种完全不同的方式运作。顺便说一句，他并不是凭空想出量子化的观点。另一位科学家马克斯·普朗克此前指出，解释物体（如太阳或烫嘴的香肠）辐射量的唯一方法是，假设光子的能量是特定少量能量的倍数。这个量和玻尔用来表示角动量的 $\hbar$ 是一样的。原因尚不清楚，但结合卢瑟福对原子的观察，这一发现引发了量子革命。马克斯·普朗克和尼尔斯·玻尔都获得了诺贝尔奖，马克斯·普朗克是在1918年荣获该奖，"因为他发现了能量子，为物理学的发展作出了贡献"，尼尔斯·玻尔是在1922年荣获该奖，"因为他在研究原子结构和原子辐射方面的贡献"。

描述这个量子化世界的理论被称为量子力学，一个世纪后，它仍然一如既往地令人费解。在随后的几年里，量子理论和相关的数学技术获得了进一步的发展。这不仅为解释原子层面基本构造的运作方式提供了新的见解，并且在生物学和化学中也至关重要，至少你可以了解到原子是如何以光的形式吸收和辐射能量的：它们以固定的单位进行，因为电子总是从一个稳定轨道直接移动到另一个稳定轨道。

利用量子计算得出的预测往往非常奇怪，似乎违背了所有的逻辑。然而，它们却一次又一次被证明是正确的。这些预测是多种多样的，例如，粒子可以像波一样运动，它们可以一次出现在多个地方，它们可以穿过正常情况下无法穿透的屏障，以及其他听起来不可思议的预测。

随着波动力学的引入，关于电子成球状绕原子核旋转的经典观点早已过时。我们现在把一个电子描述成一个概率云：一组电子在某个特定时刻出现在某个特定位置的概率。而量子理论则更进一步：电子实际上同时出现在电子壳层的每一个点上，对于每一个点，你都可以计算出在那里探测到电子的概率。科学家从每一个可能推翻量子理论的角度进行了实验，但该理论经受住了所有挑战，并且成为现代物理学的基石。不过情况仍然很尴尬，因为量子化的起源仍不清楚，我们还不能回答这个问题，所以当下只能接受。

当然，我们生活中观察到的大多数物体比原子要大得多。所以，你可能会认为，量子物理的微妙规律只在原子层面行得通，对我们的日常生活不会产生多大影响。但这其实是一个严重的误解。例如，如果没有量子力学，那

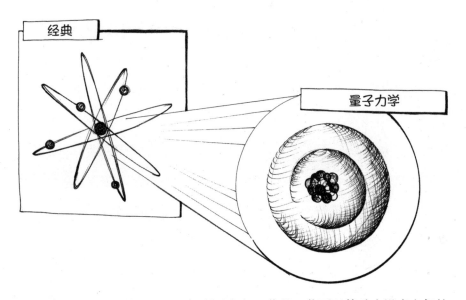

么我们无法理解计算机芯片的组件是如何工作的。你可以体验在没有它们的情况下工作一天，也就是度过没有收音机、恒温器、电话、iPad、汽车、笔记本电脑、数码相机，以及没有互联网的一天。我并不是说你每次用手机拍照、启动电脑或使用汽车导航系统时，都要感谢一大群物理学家，但要知道，这些极具基础性的发现对我们的生活产生了巨大影响，这无疑是件好事。有些人甚至认为量子效应的作用范围比我们现在认为的要大，如果是这样，这会进一步加深我们对地球上第一个生命或复杂分子的形成的理解。

把一个粒子看作一个概率云，它像雾一样在空间中扩散，可以穿过经典粒子无法穿透的屏障。这仅仅是个开始，许多其他秘密仍然隐藏在原子的世界里。

即使我们承认尼尔斯·玻尔是对的，电子在原子核周围以固定轨道或壳层运动，却仍然不能解决所有的问题。为什么像锂这样的简单原子的三个电子不全都使用最接近原子核的轨道呢？毕竟，这需要的能量最少，而稍微小一点的氦原子的两个电子却共享了同一轨道。科学家对此感到很困惑，因为锂元素中的第三个电子是在一个更远的轨道上自行分离的，在那里它与原子核的作用力要弱得多。顺便说一句，这产生的实际后果就是锂的化学性质与氦完全不同，但这并不是重点。

在中学化学中，我们了解了原子内部的情况：每个壳层都有自己的最大电子数（第一壳层、第二壳层和第三壳层分别有 2 个、8 个和 18 个电子）。为什么呢？除了量子力学定律之外，还需要一个额外的、特别的自然定律来阐明这种现象。沃尔夫冈·泡利是第一个走出这个窘境的人，当时他提出：

"原子中没有两个电子是完全相同的。"

如果没有两个电子是完全相同的，那么我们需要看看是什么让一个电子独一无二。你需要了解什么才能辨别原子中某个特定的电子？科学家称这种性质为量子数。要了解特定的汽车，你可以使用制造工艺、模型、发动机功率和生产时间等属性，而辨别一个人可以通过性别、年龄、体重和身高等特征。对于原子中的电子，量子力学预判有三个特性可以识别一个独一无二的电子：n（电子所处的轨道）与更神秘的特性 l 和 m（与电子所遵循的确切路径有关）。重要的是，这个模型结合泡利的论述，指出只有一个电子可以占据最内层的轨道，即量子数 $(n, l, m) = (1, 0, 0)$ 的电子。

等等！如果你仔细观察，你会发现这与前面的实验相矛盾，实验表明在原子最内层有两个电子在旋转。那么这些电子怎么会完全相同呢？塞缪尔·古德斯米特和乔治·乌伦贝克当时是莱顿大学（我现在就住在莱顿，这里也是全球物理研究中心所在地之一）的两位年轻的理论物理学博士生，他们正好找到了一种方法来区分这两个明显相同的电子。毕竟它们并不完全一样，所以被允许在第一个轨道上一起旋转。

更具体地说，古德斯米特和乌伦贝克假设电子还有一个先前未发现的特性，他们称之为"自旋"。尽管这个比喻可能并不完全成立，但你可以把它想象成电子的自转。他们发现电子自旋有两种形式：向右或向左自旋。没有其他方向。想象一个完美均匀的球在旋转，除非你触碰到球，否则就无法判断它在旋转，这就是为什么自旋的性质在那之前一直没被注意到。尽管一年前，实验者的确观察到一种奇怪的效应，但对此他们没作任何解释，莱顿的年轻科学家发现的新的自旋性质很快就提供了解决办法。

当然，电子总是具有这种"隐藏"特性。类似的情况也常常发生在日常生活中。假设你在当地的一家酒吧里遇到两个45岁的男人，他们大约高1.8米、重90千克。两人都在同一所大学工作，支持的党派也一样。也许他们都是荷兰人，所以他们都喜欢面包和黄油加巧克力碎。他们俩看起来几乎一模一样，你可能会认为他们是最好的朋友，因为他们有很多共同点。但当话题转到足球时，你可能就不这么想了，你会发现他们一个人支持斯巴达，另一个人支持费耶诺德，这是鹿特丹市的两支对手球队。如果你没有提出正确的问题，你可能永远也无法了解这个重要的事实。同样，电子自旋也是一个改变一切的意想不到的事实，泡利一发现就明白这是他需要的属性。

前面讨论过的泡利约束就是以他的名字命名的，即泡利不相容原理。它成功地解释了为什么原子中的每个电子轨道可以容纳不同数量的电子。例如，第一个轨道能容纳量子数 $n=1$、$l=0$、$m=0$ 的电子。所以，它只能容纳两个电子，一个自旋为 $+1/2$，一个自旋为 $-1/2$。这是一个电子仅有的两个可能的自旋值。根据泡利不相容原理，其他任何与已经存在的两个电子中的一个拥有相同量子数的电子都是不允许存在的。因此，第三个电子被迫进入第二个稳定轨道，离原子核更远。量子数 l、m、s 的可能值限制了在壳层充满之前占据壳层的电子数量。

　　我需要补充一点，玻尔的原子模型并不像我在前面介绍的那样简单。不同壳层的能量相互作用以及预测分子的化学性质是一个非常复杂的问题。尽管几乎没有人听说过自旋是基本粒子的一种性质，但它是粒子物理学的一个基本概念。所有已知的基本粒子都分为两种类型：第一种是费米子（自旋 =1/2），它是物质的基本构成部分；第二种是玻色子（自旋 =1），也称为力载体。自旋为 0 的粒子只有一个，直到 2012 年才被科学家发现，也就是本书的主角：希格斯玻色子。

　　即使是像自旋这样奇怪又不易被发觉的属性也有实际用途。在医学领域，核磁共振扫描仪（MRI）利用人体内氢原子核的自旋，借助非常强的磁场和电磁场便可以探测体内的情况。核磁共振扫描被用来形成骨骼和软骨等身体部位的图像。例如，对一名狂热的业余足球运动员的膝盖进行核磁共振扫描，结果可能会显示他的膝盖软骨已经产生磨损，他应该花时间坐下来写写书，而不是幻想着巴塞罗那队的未来。当然，我并不是唯一一个对这项技术心存感激的人，所以 2003 年保罗·劳特伯和彼得·曼斯菲尔德因他们在磁共振成像方面的发现获得诺贝尔生理学或医学奖也就不足为奇了。自旋也是量子计算发展的核心，在量子计算中，一个粒子可以同时处于两种自旋状态（+1/2 和 –1/2）。

原子核

　　读到这里，各位读者应该很清楚，地球上所有物质的基本构成部分都是由原子组成的，而且每个原子都有一个相对质量较大的原子核，原子核周围环绕着电子。原子核是一个不可分割的颗粒，还是有自己的内部结构，这仍然是个谜。每一个原子核都是不可分割且独一无二的这一观点似乎更符合逻辑，因为原子核赋予了元素特性。为什么它需要由更小的部分组成？但在它被发现后的20年里，科学家最终发现，原子核不仅可以分割，并且由两个独立的部分组成：一个带电质子和一个中性中子。这两个组成部分的重量大约相等，都比围绕它们运转的电子重（重约2000倍），它们在原子核中以大致相等的数量存在。质子和中子构成每个原子的原子核。

　　请注意，自此，我们迈出了一大步，从100个不同的元素到3个基本组成部分，事情变得再简单不过。从水到黄金，从煤炭到人脑，从核弹头到鸭嘴兽，从一杯啤酒到中国长城，所有的一切都是由这3个部分组成的：质子、中子和电子。当核子（换句话说，质子和中子）以不同的方式结合时，原子的性质就会发生变化。

　　原子结构的发现打开了通向新世界的大门，原子核秘密的揭示也显露了一些新的现象，这些现象甚至用量子力学也无法完全解释。我希望能向你们呈现完整的历史视角，这样就可以向所有为这些发现作出贡献的物理学家致敬，但这会分散我们对每个人需要了解的要点的注意力。所以，穿上你的"七里靴"，简单回顾一下我们是如何借助粒子加速器探索原子核的，以及在那里发现的复杂难题。答案——核子和两个新的核力——突然冒了出来，但它们形成了第二次世界大战时期粒子物理学的基础。由于几乎所有的实际应用，它们被认为是大自然的基本组成部分。

卢瑟福成功地研究了原子之后，你可能会觉得接下来用分辨率更高的显微镜重复同样的方法更符合逻辑。卢瑟福的粒子加速器还不足以探测原子核，但技术并没有停滞不前。显微镜能观察到的最小结构的大小与你发射的粒子的大小直接相关。既然量子力学告诉我们，可以通过将粒子加速到获得更高的能量来使其变得更小，这就是我们不断追求的目标。尽管原子核很小，但我们最终还是能获得足够高的能量将其分解。

卢瑟福在1917年迈出了探索物质更小结构的第一步。当时我们知道的最小的原子核是氢原子核：一个质子。通过用高能粒子轰击各种物质，卢瑟福发现质子也隐藏在其他元素的原子核内。因为他发现，除了发射的 α 粒子外，碰撞还释放出了质子。他知道这些质子一定是来自被轰击的原子核内部。这似乎是合乎逻辑的，因为如果原子核中每一个质子都有一个绕其自旋的电子，那就解释了为什么原子是中性的这一实验事实。

现在，我们把焦点转向一个鲜为人知的荷兰人——安东尼厄斯·范登布罗克，他解开了谜团的一个重要部分。在写给《科学》杂志编辑的一封信中，范登布罗克向全世界公开了他关于原子组成的发现。他指出，原子核的电荷很可能与电子数完全相等，这意味着元素原子核的电荷决定了它在周期表中的位置。虽然你不会在大多数伟大物理学家的名单上找到范登布罗克的名字，但他的观点值得在这里提及。

不过，还有个小问题。很明显，如果原子核完全由质子组成，那它的重量应该是原来的两倍。1932年，詹姆斯·查德威克充分发挥自己的聪明才智，发现了中子的存在：一种带有中性电荷的粒子，其重量与质子相当，而且也在原子核中。这是拼图的最后一块！原子有三个组成部分：质子和中子（数量或多或少相等）紧密地堆积在原子核中，电子围绕着它们旋转，使原子的净电荷表现为中性。质子的数量决定了原子的类型。描绘原子核的一个简单方法是把它想象成一个由小球——质子和中子——组成的物体。大多数物理学家可能是这样想的，至少我是这样想的，结果证明这是一个相当准确的图像描述。

如果原子核真的是由这两种粒子组成，那么就带来了一个大问题。原子核一开始是如何形成的？根据电磁理论，两个带正电的粒子之间会产生很强的排斥力，那这些质子是怎么被塞进原子核的呢？带中性电荷的中子呢？是什么让质子、中子待在一起？这些问题物理学家还无法回答。更糟糕的是，没有人能够通过修改已知的定律来解决这个问题，这种方法在过去非常有效，产生了量子力学和相对论等新原理。不管你对这个世界的固有印象有多深，如果实验事实告诉你错了，那你就不得不做点什么了。当时，理论认为一定的力（电磁斥力）会将原子核中的质子推开，但事实并非如此。显然还有另一种力在起作用，一种比电磁力更强大的力，把原子核中的粒子聚集在一起：强核力。

你可以将其比作婚姻，例如，一段婚姻中，伴侣厌倦了彼此，他们不停争吵，但因为对孩子的爱更强烈，所以他们还在一起。你也可能会联想到来自不同政党的两位政治家，他们必须共同努力，从而实现共同目标。就像政治密谋一样，关于核子如何结合的定律是动态变化的，这一点既复杂又迷人。这涉及一种新的自然力，既强大又奇怪，因为只有在原子核内，这种力才比电磁力强，距离拉大后，它就会变弱。这不失为一件好事，否则地球上所有的核子都会合并成一个巨大的核，人类甚至会不存在。核力的发现不仅带来了有趣的见解，而且也明确反映出，核内隐藏着巨大的能量。

当我们研究细胞核时，利用传统的显微镜并不是正确的做法。我们有过这样的经验，如果你想知道核桃里面是什么，你需要的工具不是显微镜，而是锤子。研究原子核时，我们遇到了类似的问题。你可以把这个过程比作研究一个老式闹钟的工作原理。无论你多么仔细地观察外在，你都无法理解闹钟发条的工作原理。只有一种方法，那就是拧下螺丝，打开它。但是，我们没有能"拧开"原子核的"螺丝刀"，所以只能把它砸碎，然后看看最后会得到什么样的碎片。如果你做得足够仔细，并且次数足够多，你就可以重新构建它的内部构造。

这种破坏性的技术正是科学家使用的。粒子加速器变得越来越强大，我们可以不断地轰击原子核，观察轰击会产生什么。这并不容易。轰击使用的"子弹"和原子核都是带电的，随着粒子间距离的减小，粒子间的斥力会迅速增大。换句话说，带电粒子越接近原子核，就越难被推开，接近原子核的唯一方法是使用大量的能量。

20世纪30年代初，我们开始迅速取得进展。在剑桥，科学家约翰·考克罗夫和欧内斯特·沃尔顿设计了一种粒子加速器，它可以发射出带有足够高能量的粒子击向原子核。因为这项世界级的实验成果，也就是原子分裂（核裂变），他们获得了诺贝尔奖。但他们的对手也紧随其后。同年，欧内斯特·劳伦斯在美国完成了同样的壮举，设计了一个更简单的装置，即回旋加速器。这个装置为他赢得了诺贝尔奖。英国的粒子加速器有房子那么大，耗资数百万英镑，而劳伦斯的粒子加速器只有人手那么大，仅需25美元！这是另一个伟大的例子，说明在科学领域，聪明的想法比暴力破解更重要。回旋加速器技术至今仍是所有粒子加速器的基础，现在每家现代医院都有回旋加速器，它产生的辐射可以用于癌症治疗。

20世纪30年代初，人们很快了解到，质子和中子在原子核中的排列表明有一种力把这两种粒子结合在一起，以及这种力对原子核稳定性的影响。根据经验法则，质子和中子在原子核中的数量大致相等。氦原子中有两个质子和两个中子；氧原子中有8个质子和8个中子。但是，随着原子的质量逐渐增大，它们的中子数量就会越来越多。例如，金原子有79个质子和118个中子。我们要掌握的一个重要规律是，质子的数量决定了元素的种类，只有中子和质子正确结合的原子核才能长期存在。

表1　部分稳定和不稳定的原子

元素	质子数量	中子数量	形态	稳定性
氦（He）	2	2	气体	稳定
铍（Be）	4	5	金属	稳定
氧（O）	8	8	气体	稳定
金（Au）	79	118	金属	稳定
金（Au）	79	119	金属	不稳定

如果你给一个核子数正常的金原子加上一个中子，它仍然是金（因为质子数仍然是79），但额外的中子会使金原子变得稍重一些。这被称为金的一种新同位素。但这种重原子核是不稳定的，这意味着质子和中子排列的方式不正确。通过重新排列它们和（或）释放辐射，从能量上讲，原子核可以形成一种更好的结合。事实也的确如此。我们称不稳定的原子核具有放射性，它发出的辐射叫作核辐射。

在上述给金原子加上一个中子的案例中，原子核的转变（或"衰变"）平均需要耗时两秒钟。在这种特殊情况下，多余的中子被转化成质子和电子（还有中微子，我们稍后会讨论）。转化成的电子以高速飞行，我们称之为

β 射线。

　　你现在已经知道原子发出 β 射线后会发生什么。我们从一个有79个质子和119个中子的金原子开始。一旦其中一个中子转变成质子，我们就得到一个包含80个质子和118个中子的原子核。因此，即使原子的质量一样（因为核子的数目仍然是198），它的性质却发生了变化。原子核中有80个质子的原子是另一种元素的原子，即汞。金变成了汞！即使在放射性衰变之后，原子有时仍不稳定。在这种情况下，原子会继续进行放射性衰变。这个衰变链会一直持续到形成一个稳定的原子。

　　多年来，科学家研究了所有元素的所有同位素，观察到哪些原子核是稳定的，哪些不是，以及衰变发生的平均速度（同位素的半衰期）。辐射的类型取决于衰变的类型，一共有三种：

表2　辐射的三种类型

α 辐射	释放出一个氦核	原子序数下降两位	基本无害
β 辐射	释放出一个电子	中子变为质子	危害性较小
γ 辐射（光子）	释放出一个光子	核子重新排列	危害性较大

　　根据不同衰变类型产生的这三种类型的辐射，不稳定原子的半衰期范围也很广。一个非正常的金原子，比如上述例子中的金原子，平均在两秒钟后衰变，而一个铀原子核往往在几亿年后才衰变（几乎衰变了一半的中子）。所以即使10亿年后，一大块铀仍然具有高放射性。这正是铀成为高危核废料的原因。

　　其实在我们了解这一切之前，核辐射已经是一种常见的现象。举个例子，镭过去被用在手表表面的夜光颜料中，或是照射手部观察内部结构的射线（X射线，一种光子）。但在原子革命后，我们终于了解了辐射的起源，以及如何利用它来进一步了解原子核。放射性的"名声"并不好，但在医院里它不仅被用来照射癌细胞，还被用来寻找阻塞的动脉。一种少量的放射性物质，称为示踪剂，被添加到血液中并扩散到全身。通过测量在血液中扩散然后从体内释放出的辐射量，你就能得到心血管系统的精确图像。也许你见过这样的照片，不然医生怎么能查出是否有堵塞，以及堵塞的位置呢？所以，尽管"名声"并不好，放射性还是派上了用场，就像物理学家一样。

中子和质子在原子核中相互吸引的程度，即结合能，取决于质子和中子的组合。当科学家终于使原子核内部发生碰撞，这一点就很快变得清晰了。他们发现，结合能有一个至关重要的性质，即便是稳定的原子核也有可能发生融合或分裂。此外，这个过程会释放出能量。在深入研究这一发现的所有意义之前，让我们先来看看核聚变和核裂变在日常生活中的相关类比。

无数的例子清楚地表明，当一家公司经历了大的发展时，在某些时候将其职能进一步细分会变得更加高效。保持统一的优势无法超越更小的部门划分所带来的灵活性和活力。由重组带来的成本和法律纠纷方面的问题可以很快得到弥补，但在另一方面，却有不一样的规则。虽然大公司在拆分后往往能获得更高的利润，但小公司最好的出路是合并。虽然合并需要相当大的前期成本，但投资会带来新的活力和更高的利润。

我们在原子核中发现了相同的模式。例如，当大的原子核失去平衡时，由于我们向其多发射了一个中子，它就可能会分裂成更小的部分（形成两个新元素）。在这种新的结构中，原子核被分成两部分，因此比所有的核子都牢牢地粘在一个原子核中要节能得多。由于原子核的这种优化分布，两个原子核的总重量比原子核解体前的重量要轻。这听起来很奇怪，但却是事实：质量实际上消失了。在核电站中，我们利用这个原理通过分裂铀核来产生能量。

但令人惊讶的是，轻原子核表现出相反的模式。它们融合在一起，在形成较重的原子核的过程中，也会释放能量。核子的更有效排列使得新的、更大的原子核的质量小于两个较小的、独立的原子核的质量之和。和前面提到的一样，奇怪但却是事实。这最后一个见解最终帮我们揭示了太阳燃烧之谜：小的氢核聚变成稍大的氦核。在这个过程中释放出的一些能量以光和热的形式到达地球表面。这可不是什么小事。100年前，世界上没有人知道是什么赋予了太阳持续燃烧的能量，但如今，我们对这些核聚变过程有了如此透彻的了解，甚至可以在地球上利用它们。创造一个"地球上的太阳"是威力惊人的氢弹的真实意义，人类可以用它轻而易举地消灭自己。同时，只要我们能够控制好核聚变，它也可能成为世界能源问题的最终解决办法。

1938年，奥托·哈恩、丽丝·迈特纳和他们的同事在德国首次成功对原子进行了分裂，他们向地球上最重的自然元素铀的原子核发射中子。没有多少人会想到这样做，但物理学家的血液里流淌着实验之魂。使用中子很方便，因为它不带电荷，所以不会被带正电的原子核推开。哈恩和他的同事原本期望用一个额外的中子创造出一个更大的原子核，但令他们惊讶的是，这个过程反而产生了更轻的元素。他们似乎成功地创造了一个新的、更大的原子核，但它极其不稳定，因此，从能量学角度，新的原子核分裂成更小的部分。更出人意料的是，所有原子核加在一起的重量小于原始铀核加上向其发射的中子的重量。

但这怎么可能呢？毕竟，如果你把一块奶酪切成两半，两半的总重量还是等于原来那块的重量，不是吗？当物体是一块奶酪时，确实如此，但原子核的工作原理却不同：如果原子核的排列变得更有效率，那么将它们结合在一起所需的能量就会减少，因此新粒子的总重量可能会比原来的粒子轻。根据众所周知的公式 $E=mc^2$，这种损失的质量被转换成能量。虽然每个原子核的质量差只是质子质量的一小部分，但质量和能量之间的转换系数却非常大，能产生非常大的能量。

所以，如果你用一个中子来推动铀核，它会分裂，能量会有一个净增加，因为一些储存在原子核中的能量被释放了。从商业角度来看，能源的净增长听起来是一项不错的投资。还有一个重要且有趣的现象，铀原子核衰变为两个较小的原子核，留下了一些自由中子。这些"自由中子"并没有成为原子核的一部分，而是"自谋出路"。

这个看似不重要的细节，尽管是一个基本的科学事实，却对世界政治产生了难以置信的影响。这是因为这些自由中子会使另一个铀原子核不稳定，从而使它分裂：这就产生了链式反应，这一发现是大规模核军备竞赛的开始。三年后，第一座核反应堆建成，又过了两年，第一颗核弹在日本广岛市上空爆炸。从商业角度来说，这项基础物理研究的上市时间可谓非常短，但结果却相当可怕。

当铀原子核分裂时，反应产生的自由中子比射向原子核的多。如果这些中子的能级正好，那么它们也会撞到其他铀原子核，并导致它们分裂，释放出更多的中子，继而撞向更多的原子核，依此类推。这个过程一直持续到铀用完为止。这听起来很无害，而且乍一看，它真的很理想化。如果每次衰变只产生一个中子，那么它就像一系列的多米诺骨牌，在第一块骨牌被推后都会跟着倒下。所以你只需要发射一个中子，把第一个原子核分开，就能"燃烧"一整块铀金属，剩下的过程是自动的，随着铀核一个接一个地衰变，产生了"自由"能。你可以用这些能量来蒸发水，然后用产生的蒸汽，像普通的燃煤或燃气发电厂那样发电。

美国著名科学家恩里科·费米发明了第一座核反应堆。这是在他因利用慢中子研究放射性物质获得1938年诺贝尔奖后不久完成的。为了制造第一座核反应堆，他要做的就是把大量的铀聚集在一个地方。这虽然很困难，但并非不可能。有一个问题，铀衰变产生的中子逃逸速度太快了，并不足以引起其他铀核的衰变，但是，通过减慢这些中子的速度，他可以更有效地利用它们。就像人们在游泳池里走得更慢一样，水和石墨（碳的一种形式）等物质能减慢中子的速度。费米的结论是，用石墨块交替堆砌大量的铀片应该可以达到目的。铀被秘密地收集并堆放起来，1942年12月2日，实验成功了。费米和他的团队建造了世界上第一座核反应堆：芝加哥一号堆。

80年后的今天，世界各地有了许多核反应堆，虽然种类不同，但原理是一样的。他们燃烧放射性燃料（铀235、钚或钍），加热水，并使用蒸汽发电。从表面上看，核能似乎很理想：它不排放任何二氧化碳；只要少量的燃料，就可以在很长一段时间内产生大量的能量。后一个优势就是它被用于核潜艇的原因，但众所周知，核能也有缺点。你不能接触放射性物质，因为辐射对人体有害。一旦燃料用完，剩下的废料就是较小的原子核，它们具有很强的放射性，必须被安全地储存数千年。近年来，钍反应堆受到广泛关注。因为我们地球上的钍比铀多得多，毕竟铀十分稀缺，且钍产生的放射性废料也要少几百倍，最重要的是人类不能用它来制造原子弹。

切尔诺贝利和福岛的灾难严峻地提醒人们，如果没有正确的安全措施，核电站可能会带来严重的影响。想到这一点，世界上第一座核反应堆的选址就相当令人惊讶了：在芝加哥废弃的斯塔格足球场的观景台下。一旦实验出了问题，灾难的影响会超出想象，而结果很可能就是这样。

将核反应堆比作倒下的多米诺骨牌听起来似乎很天真，但如果原子每次分裂释放出的中子不止一个，那么链式反应很快就会失控。每进行一步，分裂铀核的数量就会增加。例如，如果释放出两个中子，那么在前五个步骤中衰变的铀核数量依次是1、2、4、8和16，到第50步，数量就是1 125 899 906 842 624。如果每个步骤发生得非常快，比如说几秒钟，那么核裂变就可以用于制造核弹。当巴黎的科学家研究表明，每个铀–235原子核在每一步产生的中子不是一个而是三个，并且链式反应可能进行得非常快时，居住在美国的匈牙利科学家利奥·西拉德开始感到恐慌，他要求科学家不要发表他们的研究结果，因为他担心这会让德国人产生和他一样的想法：原子弹。

科学家最终还是发表了，就在"二战"前不久。西拉德与其他一些科学家合作，说服阿尔伯特·爱因斯坦给罗斯福总统写了一封信，指出了潜在的新炸弹的危险。美国政府看到问题的紧迫性，最终向费米提供了他第一座核反应堆所需的铀，并启动了铀浓缩计划。

自然界中有一定量的铀，但大部分都是铀–238（含有92个质子和146

个中子）。对于需要额外中子的核裂变，你需要使用铀–235，一种原子核中少3个中子的同位素。这在自然界中也能找到，但不幸的是，它只是隐藏在"普通"铀中的一小部分（0.7%）。为了建造一个核反应堆，你可以让铀–235与普通铀混合。但要制造原子弹，科学家需要一大块相当纯的铀–235，这样（原则上）每个中子都会分裂另一个原子核。一小块也不管用，因为表面的原子核会把多余的中子发散到空气中，无法产生更多原子核的衰变。铀–235越大块，逃逸的中子越少。在一定的重量，即所谓的临界质量下，铀块会自发爆炸。需要补充说明的是，这不是一个多么巨大的重量：大约50千克的铀–235（一个半径为10厘米的球），或者仅仅10千克的钚–239，约一个橙子的大小。

所以，原子弹的原理大致就是：你把一大块达到临界质量的铀–235或钚放在一起。通常的方法是将两个块体（每一个都在临界质量下）以高速相互撞击，形成一个大到足以自发爆炸的块体。如果这个过程太慢，两个较小的块体会燃烧，然后融化，什么也不会发生。因此，炸弹制造者需要做的就是获得50千克的纯铀–235或10千克的钚，然后瞄准，发射。

分离铀的两种同位素，或做出一大块铀–235比例足够大的铀块，这一过程被称为叫铀浓缩，这是非常困难的，因为这两种同位素在化学性质上几乎是相同的。科学家通常用大型离心机分离同位素，原理和洗衣机很像。通过围绕铀气体高速旋转，它们将更多的质量较重的铀–238 "甩"到外壁，而较纯的铀–235则留在中心。这一浓缩过程让很多想制造原子弹的国家望而却步，好在我们足够幸运。剩余的贫化铀可用于制造弹药，因为它的重量使其能够轻易穿透装甲板。

你还可以用钚制造原子弹，在没有铀的情况下。原则上，你需要的钚要少得多。但问题是钚在自然界并不存在，而是必须在核反应堆中制造，所以它很难获得。然而，在第二次世界大战期间，巨大的战争压力让钚的使用成为可能。首先制造出核弹的一方会赢得战争，在那场要么大获全胜要么满盘皆输的竞赛中，一笔令人难以置信的资金被投入到这项工程。迫于战争的紧迫，一群顶尖科学家花了几年时间致力于曼哈顿计划，开发这种新武器。1945年7月16日，第一颗原子弹在新墨西哥州的沙漠中成功引爆，这一事件被称为"三位一体核试验"。美国是第一个成功制造出两种核弹（铀–235和钚）的国家，这两种核弹分别于1945年8月6日和9日在广岛和长崎爆炸。

从发现核裂变到制造出第一颗原子弹的这5年是激动人心的，如果你对这5年的历史感兴趣，我强烈推荐理查德·罗兹的《原子弹秘史》。这本书详细阐述了在发现核裂变后的最初几年里"核弹竞赛"的物理、技术和政治，这一发现打开了潘多拉的盒子。知识被释放后就再也不能放回"盒子"里，所以现在要靠政治家来确保人类不会自我毁灭。

虽然重原子核（在稍加推动后）分裂更节能，但轻原子融合成更大的原子核的效率更高。这就产生了一个新的、更重的原子核，但它比两个独立原子核的总重量要轻。由于某种原因，把所有的原子核聚集成一个更大的原子核所需的能量要少一些，换句话说，粒子排列后的结合能要少一些。这才使得原子核更轻（正如世界著名公式 $E=mc^2$ 预测的那样，它描述了能量和质量之间的关系）。当然，两个原子核融合后形成比它们的总重量还轻的东西还是很奇怪的。

今天，我们有足够的知识来解释这一切，但要搞明白这些绝非易事。要发现和再现这个过程，首先必须使两个轻量原子核发生接触。这非常棘手，因为两者都带正电，所以会相互排斥，就像当你试图把两块磁铁"错误的一面"压在一起时一样，你得使劲儿才行。因此，除非有人制造出一台功能足够强大的粒子加速器，大到能使轻量原子核移动得足够快从而发生碰撞，你才有可能观察到这种现象。这位幸运的科学家是剑桥的马克·奥列芬特，他在质子同步加速器的帮助下演示了核聚变，这是他研制的一种新型粒子加速器。同步加速器是在几年前欧内斯特·劳伦斯的回旋加速器的基础上产生的一个绝妙想法，但它可以将粒子加速到更高的能量，这与世界上最大的粒子加速器（欧洲核子研究中心的大型强子对撞机）仍在使用的技术相同。20世纪30年代初，奥列芬特第一个成功地实现了两个原子核的融合。他很快意识到产生的粒子比碰撞的粒子有更多的能量，而且新的原子核比融合前的小原子核的总重量要轻。奥列芬特说，这些测量完全是出于好奇，但却让人豁然开朗，轻核的聚变可能是赋予太阳能量的原因。尽管这些聚变性质的发现很可能使人类走向灭亡，因为它们构成了迄今为止最大的炸弹（氢弹）的基础，但同样的发现有朝一日也可能拯救人类，因为它有可能提供几乎无限的廉价绿色能源。

　　两个轻量原子核融合时会释放能量，这一发现是我们理解太阳从何处获得能量的最后一块拼图。我们已经知道太阳中含有氢和氦，它内部的温度（数百万度）使氢原子核移动得非常快速，因此它们有足够的能量碰撞和融合。虽然我们还需要一段时间才能完全理解太阳的能量循环，但基本过程已经变得清晰。太阳核心中的所有氢逐渐转变成氦原子核，氦原子核继而转变成更重的原子核，如锂和碳。这种情况一直持续到最终产生铁。这是因为铁原子核中的粒子排列得十分有效，因此它们的聚变释放的能量最少，已不能通过融合或分裂获得能量。这是一种理想的商业模式，也是太阳核聚变过程的最后一站。当一颗大恒星的所有燃料转化为铁时，它就停止了燃烧。

一旦搞清楚了究竟涉及哪些过程，我们还可以计算出太阳的生命会如何以及何时结束。虽然很遗憾但却是事实：确切地说，太阳会在大约50亿年后的某一天"熄灭"。但可能在那之前，当太阳辐射对其所有粒子的外部压力变大，以至于太阳膨胀成一颗红巨星并吞噬我们的星球时，地球生命就走到了终点。

最终，在第二次世界大战之前，太阳终于向科学家"诉说"了它的秘密。除了了解是什么助力太阳燃烧，核聚变的发现还揭露了别的秘密。如果宇宙一开始就有大量的氢和氦，那么恒星的中心是唯一可以制造其他元素的地方，从碳和氧到像铁这样质量最重的元素。事实上，所有的碳原子和氧原子，地球上所有生命的组成部分，都是在恒星的核心形成的。

既然你已经知道太阳有一天会如何"熄灭"，你可能也会想知道它最初是如何"诞生"的。一旦核聚变反应开始，它就会产生大量的能量，但要开始，它需要大约1500万摄氏度的温度。只有这样，原子核才能以足够的速度移动并克服彼此之间的排斥力，从而发生接触并融合。太阳是如何达到足够高的温度开始聚变的呢？物理学中的解释通常看起来很神奇，但幸运的是，这个解释很简单。太阳的形成是因为宇宙中飘浮的氢气开始聚集在一起。大质量的物质更容易在引力作用下相互吸引，所以它们形成了一个巨大的气体云，并不断向内收缩成一个越来越紧的球。而越来越大的压力使这个球中心的气体升温。随着压力的不断增加，温度上升到数百万度，直到高到足以开始聚变。于是，太阳"诞生"了。

经常有人问我，为什么太阳没有在出现时就立刻在宇宙大爆炸中燃烧起来，就像你点燃气体它会燃烧一样。首先，我们说的是另一种燃烧，因为太阳中没有氧气，但这仍是个好问题。自从核聚变在太阳内部产生能量的那一刻起，热量和辐射就一直试图向外移动，推动气体一起向外移动。但这没有成功，因为有更多的气体同时在向内推进，阻止了太阳膨胀。

但想象一下，如果辐射强到足以将剩下的气体推开。在这个场景下，会发生一些有趣的事情。因为气体向外移动时，压缩减少，温度降低，导致原子停止融合，所以核聚变停止了。此时，气体不再向外推，而是开始向内收缩，温度再次升高，于是核聚变又开始了。就这么循环反复。这是一个微妙的平衡，它会使太阳像蜡烛一样一点一点地燃烧，直到从现在起45亿年后所有的燃料都耗尽。虽然不知道太阳光从哪里来并不会影响我们享受躺在法国（或其他任何地方）海滩上晒太阳的乐趣，但我们现在知道，"绿色"太阳能来自太阳内部的核反应。

这个故事有一个独特的地方，你知道后可以拿去和朋友酒后闲谈。当恒星慢慢燃烧时，它产生的元素会越来越重，但不能产生比铁更重的东西。只有在一种特殊类型的恒星衰亡时，才会制造出更重的元素，如金和银。这种恒星的衰亡不是像蜡烛一样熄灭，而是会爆炸。下一次当你手拿银刀或身佩金饰时，你可能会停下来思考这样一个事实：这些金银都是在恒星爆炸时产生的。那这些金属是怎么落到地球上的呢？那段旅程发生在一个令人无法想象的漫长时间内，与之相比，地球上人类生命的整个历史不过是一眨眼的工夫。

隐藏在原子核中的能量着实惊人。如果你能在地球上启动一个可控的核聚变过程，这将是在短时间内释放大量能量的有效方法。普通人可能认为这是解决能源问题的一个有希望的办法，但对军队而言，这意味着产生一个超级炸弹的潜力。"二战"后，各方仍在核物理领域的军事研究中投入大量资金。但是，即使氢弹已在1952年问世，60多年后，我们仍在致力于将核聚变作为一种能源。

如果你有办法把两个氢原子核融合在一起，那你就发财了。但这其实非常困难，因为氢原子核必须获得足够快的速度，才能克服电荷间的排斥力。它们能获得高速的唯一方法是环境温度达到1500万摄氏度左右，如同处在太阳的核心区域。造一个比萨烤箱已经很困难了，更不用说温度高达5万倍的烤箱了。事实上，在地球上实现这一目标的唯一方法就是引爆原子弹，这就是氢弹的工作原理。虽然难以置信，但一颗"普通"原子弹（裂变弹）被用作"打火机"，一瞬间就能产生1000万度的温度。这使得氢气开始燃烧，在连锁反应中释放能量。在这几分之一秒内，爆炸产生的能量比几百枚裂变弹的能量还要多。这是一项艰巨的技术挑战，但美国确实成功制造了氢弹，这要归功于匈牙利裔美国物理学家爱德华·泰勒的领导以及对原子武器的投入，即使是在"二战"之后（再次受到因害怕"另一方"先制造出氢弹的恐惧）。1952年11月1日，第一枚氢弹在埃尼威托克环礁的某处，即太平洋岛屿埃卢格拉布被引爆。几年后，苏联人成功研制出一枚类似的炸弹并引爆。从那时起，这两个核武大国就紧紧咬住对方。氢弹的威力是在长崎使用的原子弹的500~1000倍，显然从那一刻起，氢弹赋予了双方毁灭人类的能力。意识到我们人类有时离深渊的边缘有多近真的是一件很可怕的事。以古巴危机为例，当时由于苏联在古巴部署核武器的冲突，美国和苏联差点发动核战争，这是我们在著名的"潘多拉魔盒"原子核中发现的科学秘密的另一个结果。

氢弹无疑是人类有史以来最具破坏性的东西，但核聚变也有可能解决世界当前的能源危机。发电厂核裂变的最大缺点是消耗和产生的材料具有高放射性。相比之下，核聚变从无害的氢开始，以非放射性元素结束。如果你能实现一个可控的聚变过程，并小心地添加燃料，那么它可能是一种几乎取之不尽的清洁能源，潜力是巨大的。尽管投入了大量的资金和时间（核聚变获得的研究资金比任何其他形式的能源研究都多），但我们尚未建造出一座运作正常、能产生足够能量的聚变电站，聚变能量的剩余障碍主要是技术上的。在等离子体中可以产生启动聚变过程并使其保持所需的数百万度温度，但是，由于这些等离子体中的粒子能量过高，撞击到机器壁上的一小部分粒子会造成相当大的破坏，使机器壁具有放射性。

为了迈出真正的一步，表明核聚变在原则上是可行的，世界各国决定联合起来，在法国南部建造一个大型装置，即位于卡达拉赫的国际热核聚变实验堆计划（ITER），这是位于圣保罗－莱迪朗斯小镇附近的能源研究研发中心。尽管ITER投入运行至少需要10年时间，甚至还要再过几十年，我们才能在地球的某个地方建立起一个运行中的聚变电站，但我对我们最终能够以建设性的方式利用隐藏在原子核中的基本能量持乐观态度。

简述原子与核物理

原子是我们在自然界发现的元素中最小的、不可分割的组成部分，如氧、铁和银，它比肉眼能看到的最小物体小100万倍。要了解这个微小的世界听起来似乎是一项不可能的任务，但在粒子加速器的帮助下，我们已经成功地绘制了超小尺度的自然地图。在这个层次上，我们发现大自然有它自己的逻辑。粒子加速器的发展使人类探索这一迷人的旅程成为可能，并产生了大量新的见解和应用。例如，我们发现地球上的一切（事实上，宇宙中的一切）都是由三个部分组成的：质子、中子和电子。与此同时，在这个新世界中发现的非常奇特的现象在最小尺度上完全改变了我们对自然规律的看法。从量子力学到原子核中粒子的能量，人类已经学会利用这些思想。这与我们的日常生活看似遥远，却构成了基础物理学和现代社会的基石，在计算机技术和医学等领域有着广泛的应用。

这些发现使科学家渴望了解更多，而新的见解提出了新的问题。质子和中子真的是自然界最基本、最小的组成部分吗？还是有更小的粒子有待发现吗？量子力学令人不满意的"逻辑"背后隐藏着什么？物理学家怀疑他们遗漏了什么。但这还不是全部。对核力的研究意外发现了各种新的、令人费解的粒子，它们不是质子、中子或电子。那是什么？在随后的几十年里，新的发展和发现接二连三地出现，最终导致了我们今天对自然的理解：存在一种标准模型，其中有三类比核子还小的基本构成部分，还有三种量子力。2012年，这段漫长的旅程最终会以发现标准模型的基石希格斯玻色子而告终。但在现阶段，仍有很长的路要走。

第三章

标准模型中的粒子

欧内斯特·卢瑟福是第一个成功进入原子世界的人，他发现原子的原子核被电子环绕。在那之后不久，我们又发现了一些原子核的秘密。我们如此迅速地取得进展，用不断改进的显微镜发现更丰富的原子核世界似乎只是时间问题。我们从几个世纪前的欧洲探险家那里学到了探索和描绘新领域的方法。当第一次前往非洲中部和南部等地区时，他们从沿海的避风港开始为期一天的探险，然后逐渐深入内地。今天，人们已经以各种能想象的方式穿越非洲，但我们仍在努力探索粒子世界的尽头。就像欧洲人第一次踏上非洲土地时发现的那些陌生的动植物，比如长颈鹿和大象，我们也在亚原子水平上发现了"各种奇异的生物"。

科学家开启了一趟目的地未知的微观世界之旅，和古代的探险家一样，逆流而上，逐渐深入一个未知的领域。当他们逐渐进入丛林深处时，他们不知道这片丛林还有多深，也不知道他们是否能找到与故土一样的水果、动物、山脉和草地。对于大多数人来说，成为第一个踏上未知领域的人这一想法已经具有足够吸引力，当然，他们暗地里希望得到更多：独特的宝藏和新奇的发现，比如一座金色的城市，新的物种或失落的文明。诸如此类的幻想，往往是受到儒勒·凡尔纳等作家写的探险书籍的启发，是喜欢寻求刺激的探险家的伟大梦想。为了保持梦想的火焰，他们希望发现一些线索：一具他们无法辨认的骷髅，或一艘他们从未见过的河船，带着一双金色的拖鞋或一幅画着位于丛林深处的城市的地图向下游驶去。这时，他们才知道更多的惊喜就在眼前。

这就像核力发现后粒子物理学的情况。我们目睹了各种奇怪的现象，但对此我们无法给出明确的解释，然而这些线索却促使我们冒险"深入丛林"。但在那个新世界里，没有什么能持续超过十亿分之一秒。因此，要想以我们自己的速度研究它，必须发明新的探测设备和更巧妙的技术。最终，令人惊叹的景象展现在我们面前，但很明显，我们还没有抵达这趟旅程的终点，在随后寻找答案的过程中，我们获得了前所未有的知识财富。

直到1920年，没有任何迹象表明前路会有惊喜。物理学看起来相当整洁。我之所以说整洁，是因为正如我们看到的，从1900年到1920年物理学的变化无异于一场革命。我们完全掌握了元素的规律，发现宇宙中所有稳定的物质都是由三个部分组成的：质子、中子和电子。我们还发现了一些大自然最深处的秘密：相对论、量子力学和核力。尽管我们还不知道这些现象的起源，但这些自然规律为我们提供了坚实的基础。在一些简单规则的帮助下，我们可以把这三个"积木"组合起来，组装成所有已知的元素：从氧到金，从钚到汞。首先，取几个质子和中子，把它们结合起来，形成一个稳定的原子核。其次，再把一些电子送入环绕它们的轨道，这样整个元素就成了电中性的，瞧，你得到了一个原子。整洁，而且非常简单。

是的，还有很多问题我们无法回答。那些奇怪的量子力学定律是从哪里来的？三种基本构成部分几乎完全相同的组合方式却得到具有如此不同属性的元素，这难道不奇怪吗？以氦为例，氦是一种由两个质子和两个中子组成的气体。在原子核中再加一个质子和一个中子，就得到了一种金属：锂。尽管许多问题仍没有答案，但在新现象和惊奇的粒子出现之后的几年里，科学家才有了惊人的发现，也终于清楚地认识到，这趟旅程的终点仍在远方。

我们发现，除了一些熟悉的稳定物质外，还有许多物质的寿命不到百万分之一秒。这是一个全新的世界！在探索之旅的这一阶段，我们偶然地发现了所有这些新粒子，这给了我们发现今天所知道的这些粒子和力所需的洞察力。可谓第二次革命！

在这一部分，似乎我在本章真正开始之前就放弃了这场游戏，告诉了你游戏的结局。但我的目的其实是向你展示一个宏观的情况。这样，你就能更好地理解最后一步，以及物理学家在数百个粒子的混乱中，最终发现为基本粒子世界带来秩序、平静和简洁的潜在模式时感受到的喜悦。

发现新粒子并制定描绘粒子世界的规则，是一场在所有科学领域都不可比拟的冒险，一场包含了惊喜、失望、鲜血、汗水和泪水的冒险，随之而来的是纯粹的快感。在这段旅程中，我们的进步取决于两件事：我们发明和制造的新技术和设备（如粒子探测器和加速器）的能力，我们发现规律的能力。为了理解基本粒子的框架是如何随时间扩展的，我们需要记住以下三个步骤。

第一步：核子（原子核中的粒子）是由夸克构成的。核子（质子和中子）不是基本粒子，而是由更小的夸克组成。事实上，你也可以把夸克组合成其他种类的粒子，但是，中子和质子是唯一能够持续足够长的时间以形成我们这个世界中稳定原子的基础。目前我们进行的所有研究中，没有任何迹象表明电子是由更小的部分组成的，所以电子仍是我们的基本粒子之一。

第二步：每一代粒子都包含一个幽灵粒子。除了稳定物质的三个基本组成部分，还有另一种粒子，即中微子。它在放射性中起着关键作用，几乎没有质量，与物质的相互作用也非常小，它甚至能够悄无声息地穿过地球。尽管中微子和电子之间的差别似乎很大，但经过多年的研究，我们发现两者有一个共性，这使得它们密不可分。这就是为什么我们称电子和中微子为轻子。

第三步：每个基本粒子都有"兄弟"粒子，存在三重对称。结果发现第一代中的每个粒子：两个夸克，电子和中微子，都有两个备份"兄弟"粒子。它们比原始粒子重，而且非常不稳定。一旦它们出现，较重的粒子很快就会湮灭成较轻的形态，直到最后只剩下三种粒子中最轻、最稳定的一种。我们不需要别的稳定粒子的备份来理解在地球上发现的所有物质。稳定的粒子就像常规口味的薯片，只要超市里有传统的口味，你就不需要花哨的盐醋或烧烤口味。不过，知道这些口味还是很有趣的。同样，所有这些不稳定的粒子给大自然带来了额外的"口味"。三重对称是一种很有趣的现象，但我们仍然不知道是什么导致了它的出现。为什么稳定粒子的"兄弟"粒子会存在？如果一定要有备份，为什么不是1份或10份呢？

归结起来就是：一共有12个基本粒子，排列在一个整齐的体系中。它们被分成3代，每代有4个粒子：2个夸克、1个中微子和1个类电子粒子。

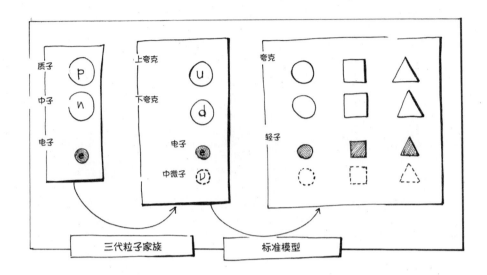

在发现这些粒子的同时，我们也发现了描述它们行为的规律和特征。我们现在即将开启这趟发现之旅。阅读时，你可以参考插图，它展示了通往标准模型的每一步，也就是我们今天理解的基本粒子的最终体系。

发现新粒子（1920—1970）

绘制亚原子世界的过程中发现了各种证据，证明天地万物的基础远不止电子和核子。我们发现人类受到来自外太空辐射的轰击，这种辐射被称为宇宙射线。我们看到了奇怪的、几乎看不见的幽灵粒子（中微子）的迹象，而电子原来有一个更重的"兄弟"粒子（μ介子）。更奇怪的是，我们发现人类自己可以制造出仅存在几分之一秒的粒子，由于测量设备不断改进，我们对这些粒子的性质也了解得越来越多。最终，有人发现了隐藏在所有这些测量背后的潜在模式：标准模型。

如果拘泥于这些事件的确切历史顺序，我们可能会感到困惑，毕竟科学家自己在那段日子里也是相当混乱的，所以我会时不时地切换顺序。但首先我会给你们一个概述，用野外生物学家在探险作类比，来说明我们粒子物理学家发现新粒子的不同方式。野外生物学家进入一个新的领域寻找未知生物时，会用不同的方式发现新的物种。

1. 直接观察。假设你是一个探索新岛屿的博物学家。在出发探险前，你不确定会在那里发现什么新东西，也许那里的植物和动物都和你故土的一样。但一旦到了岛上，你发现了一种长相奇特的动物，比如一只长着翅膀的独角兽，你很快就会意识到这是一种你家乡没有的动物。不过，在向朋友夸耀你发现了一个新物种之前，你必须证明这种动物的独特性。现在，对于有翼独角兽来说，这显然不是一项困难的工作。这正是物理学家第一次发现 μ 介子粒子时的样子。他们的反应同样惊讶："嗯？这到底是什么玩意儿？"

2. 观察间接证据。作为一个野外生物学家，如果你在一个水坑旁发现了不是任何你熟悉的动物物种留下的痕迹或毛发，那么你就知道周围一定有一个新物种。在那时，你甚至还没有看到它，但这不重要。如果这是一个非常胆小的物种，你可能需要很长时间才能见到它的真面目，但即使在那之前，你也能找到很多关于这一物种的痕迹。通过研究它的踪迹，你可以大致了解它有多重，它是独居还是群居。它的粪便能告诉你它是食肉动物还是食草动物。这正是粒子物理学家发现中微子粒子的过程。粒子本身是看不见的，但间接线索使科学家对它的存在毫无疑问。

3. 化石和遗骸。没有人真正见过恐龙，但由于它们的骨骼和其他幸存的化石，我们知道了它们的存在。如果你去一个自然历史博物馆，你可以亲眼看到那些骨骼，博物馆的图书馆里还有很多关于恐龙的书，这些书会让你清楚地了解到，我们找到了很多关于恐龙种类繁多的证据。在亚原子世界中，许多"居民"，即基本粒子，只能存活十亿分之一秒的十亿分之一秒。这对我们来说时间太短了，看都看不到它们，更不用说仔细研究了。但幸运的是，当它们消失时，它们会变成一种停留时间足够长的粒子，以便我们的探测器能观察到它们。所以，我们可以重建出那附近一定存在过一个重粒子，就像从恐龙的骨头重建关于恐龙的事实一样。这项技术促使包括希格斯玻色子在内的数百种新粒子的发现。

了解这个新世界有两个基本工具：粒子加速器和人脑。为了理解这两个重要的工具是如何被用来研究粒子及其性质的，让我们回到关于对野外生物学家探险过程的类比，他们对详细研究和描述新发现的动物很有一套。

• 将动物圈养起来进行饲养和研究。如果你想研究牛或兔子，那基本没什么问题。它们的寿命很长，你可以用直接观察，而且它们的行为也不是特别复杂。但以蜉蝣为例，成虫后的寿命极短。假设你第一次遇到这个物种，你没有见过任何活的，只看过死在地上的蜉蝣。即使你抓到一只活的蜉蝣，它也活不了多久。蜉蝣的翅膀非常纤弱，这进一步加大了研究难度，但如果你在实验室的某个角落养了一批未成年的蜉蝣，那么当其成年时，你就可以在可控的环境中研究了。这正是粒子物理学家所做的：创造大量的粒子。

创造粒子的方法是这一时期最重要的发现之一。爱因斯坦的著

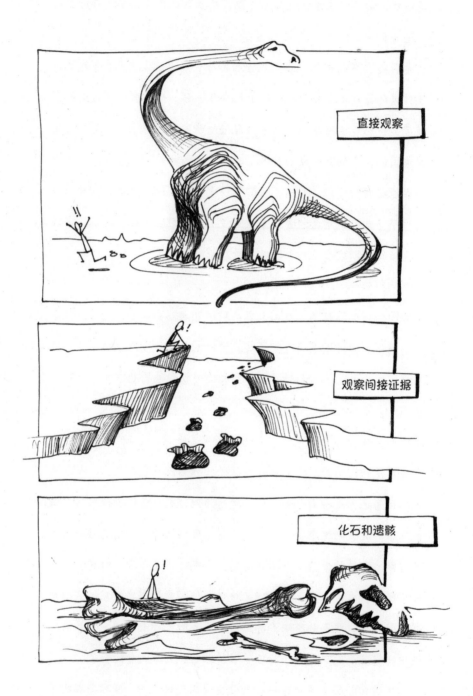

名公式 $E=mc^2$ 不仅仅意味着你可以将质量转化为能量（比如前面讨论过的太阳或核电站产生的能量），它也在相反的方向起作用：如果你聚集了足够的能量，你就可以创造质量（粒子）。随着粒子加速器变得越来越强大，创造粒子成为可能。这有一个优点：我们可以在实验室可控的环境中制造所有这些粒子。尽管这些粒子本身的寿命太短，无法直接观察，但它们的残骸却可以被探测器捕捉到。这给了我们足够的信息来确定它们的所有性质。

● 识别模式并做出预测。发现新的动物是一件很棒的事，但是，一旦有了一个完整的动物群列表，那么看看是否能找到其中的模式就更有趣了。第一步可能是将这些动物分类：鱼类、鸟类或陆地动物。但话说回来，有些动物既生活在水里，也生活在陆地上，有些鸟不能飞，等等。这种巨大的多样性使我们能够追踪到变异的起源。当然，最著名的例子是查尔斯·达尔文在加拉帕戈斯群岛遇到并研究的雀类物种间的微小差异。这项研究在他心里播下了迷惑的种子，也造就了他伟大的洞察力和进化论。在进化论中，关于雀类的差异突然能被理解了。像达尔文观察他的雀鸟一样，粒子物理学家花了无数个小时研究数百个新的、重的、生命周期极短的粒子，继而得出他们的深刻见解。尽管存在巨大的多样性，但他们发现所有这些重粒子都是由几个基本的构成部分组成的：夸克。

观察模式（试着想象你正这么做）的一个直接结果是，你可以做出预测。当你发现一头母狮子和她的幼崽时，你就知道你会发现一头雄狮，即使你之前从未见过。当我们在实验中观察粒子的行为时，我们注意到，像大多数动物一样，它们有两种：正常物质的粒子和它们的反粒子，所以我们做了一个没有人直接观察到的预测。而几年后，我们的预测被证明是正确的：我们发现了反物质。

粒子物理学的第二次革命——从原子到基本粒子的标准模型——之所以成为可能，是因为我们学会了更细微地"观察"，以及如何制造新粒子。随后的新发现造就了十多个诺贝尔奖，也从根本上改变了我们对世界的认识。有许多新的术语需要学习，但最重要的是要记住，我们成功地将所有粒子、所有力以及在自然界中观察到的所有现象在最小的层面整合到一个综合的框架中：标准模型。

类似这样一个总结了不同种类粒子被发现的故事，看起来很像一个干巴巴的目录，尤其是当你第一次听说，但事实并非如此。如果你是第一个欧洲探险家，即使你已经见过长颈鹿和大象，但当你第一次发现鳄鱼或企鹅时，你仍然会印象深刻。每一个新的物种，每一种新的粒子，都会带给我们一种独特的体验，并增加了我们的知识。所以，在破解了原子奥秘之后，这是比我们想象中更大的谜团。我们发现的这些东西是什么？在物理学的基础方面，它们告诉了我们什么？简言之，丛林深处有什么？

让我们从一些直接观察到的情况开始讨论。尽管我已经详细地描述过放射性现象，我们对 α、β 和 γ 辐射的理解也在不断提高，但关于准确的内在机制仍有很多的不确定。最大的谜团之一是 β 衰变中辐射的能量，在这种能量中，原子核中的一个中子会自发地转变成质子和电子。质子留在原子核中，但电子被高速发射出去，形成放射性 β 辐射。尽管谜团主要与电子有关，但值得注意的是，当原子核经历这种转变时，原子的性质也会发生变化。毕竟质子的数目增加了，而众所周知，质子的数目决定了原子是哪种元素。

但不管怎样，我们谈论的是逃逸电子。利用公认的物理学原理，你可以很容易就确定逃逸电子的能量。它总是一样的，因为我们知道电子和质子的质量，我们可以非常精确地计算能量。所以想象一下，当我们发现电子的能量和我们预测的不一致时有多惊讶吧。事实上，每次 β 衰变发生时，电子的能量都不一样，但按我们当时理解的自然法则，这个结果是不可能的。而且由于实验中使用的测量技术相当简单，我们很难发现错误出在哪儿。这些测量结果没有任何意义，理论界人士必须找到解决办法。

最后，在1930年，沃尔夫冈·泡利决定冒险一搏。他从数学上证明了，解释电子能量的范围是相当容易的，但前提是你假设当中子分裂时，不仅释放出质子和电子，而且还有第三种粒子。能量和动量会被分给三个粒子，而不是两个。由于电子和新粒子必须一起抵消质子的运动以保持平衡，所以电子的能量或多或少取决于新粒子的飞行方向。泡利的数学验证描述了实验中观察到的电子能量的精确分布。因为测量结果非常清晰，所以我们有可能直接确定新粒子的性质。

但有一个小问题。新粒子的表面性质与所有已知粒子的性质完全不同。事实上，它几乎没有质量和电荷，这听上去有点儿奇怪，却并非不合理。但问题是，在地球上的任何实验中都没有观察到像它这样的粒子。至少可以说不常见。唯一可能的解释是，这种粒子（假设它真的存在）应该几乎不与我们知道的物质相互作用，所以它甚至没有"注意"到我们的存在，换句话说，它直接穿过了探测器而未被发现。最后这一特性——神不知鬼不觉地穿过墙壁和钢铁，使它成为真正的幽灵粒子。泡利的理论感觉像是一个极端的解决方案，让他和他的伙伴感到不安。这就像一个侦探通过排除各种可能性来解开一个谋杀谜团，直到剩下的唯一假设：一个鬼魂直接穿过墙壁飞进房间，打开保险箱，偷走了珠宝。

作为一个真正的幽灵粒子，这个粒子的存在几乎不可能通过实验来证实。它到底是一个粒子，还是一个数学把戏，难道没有其他更合理的解释吗？泡利甚至不想发表这个想法，当他向其他科学家介绍时，他的语气带着些愧疚。大致上，他是这么说的："女士们，先生们，我今天做了件可怕的事。我想出了一个绝妙的补救办法，发现了一种无法测量的新粒子。"对泡利来说，幸运的是他的同事恩里科·费米认真对待了这个想法，并发展了一个 β 衰变理论，其中泡利的中微子（费米提出了这个名字）起了核心作用。

1956年，两位美国科学家弗雷德里克·莱茵斯和克莱德·考恩最终证明了幽灵粒子的存在，这一定让泡利觉得如释重负。终于有了一个直接的检测结果而不仅仅是令人不太满意的间接测量和线索。他们是怎么做到的？如果这个粒子几乎不与物质相互作用，那要如何才能看到它？传统的解决方案是打造一个探测器，进行实验，然后耐心地等上1亿年，希望见证一次中微子碰撞。所以，这个方法其实无解。幸运的是，物理学家总能给人惊喜，他们想到了一个办法。如果任何一个中微子与你的测量设备相撞并留下痕迹的可能性很小，那么你必须确保向设备发射大量的中微子，这样你终会看到一些痕迹。

如果认真思考费米关于 β 辐射和原子核相互作用的新理论，那么你需要做的就是在核反应堆中产生大量的中微子，每个衰变的不稳定原子核都会对应一个中微子。通过在反应堆附近建造一个探测器，当其中一个中微子碰巧击中一个原子核时，你应该能够看到一个非常偶然的反应。我们不会详细了解接下来会发生什么，重要的是，碰撞应该会产生一个非常有特色的闪光，你可以很容易地用普通相机测量。莱茵斯和考恩在靠近核反应堆的地方做了一个实验，并实际观测到了理论上预测的闪光。中微子确实存在！泡利已经在1945年因其著名的不相容原理（解释了原子核周围轨道上电子的数量）获得了诺贝尔奖，莱因斯则在1995年因直接在实验中发现中微子而获得诺贝尔奖。

　　在这个阶段，有两件事很重要。首先，自然界中不是只有一种中微子，而是有三种不同的中微子。到目前为止，我们讨论的中微子被称为电子中微子，因为它和电子密切相关。稍后，我们会详细讲述如何发现另两个非常类似电子的粒子：μ介子和τ子。就像电子一样，这些粒子被发现有中微子作为伙伴。所以，当听到我们称之为μ介子中微子和τ子中微子，你不会感到惊讶。

　　近几十年来，对三个中微子的研究一直是物理学界的一个热门话题，而且这一趋势会在未来几年持续下去。我们还有很多不明白的地方，研究中微子可以得出一些有趣的答案。例如，我们知道中微子的质量很小，但即使我们意识到它们一定比电子轻100万倍，中微子的确切质量仍是个谜。即使我们可以测量中微子的质量，也仍然不知道为什么它们的质量比电子小100万倍。是"事情就是这样"，还是背后存在某种机制？

　　除此之外，中微子还被称作粒子物理学界的"大卫·鲍伊"。它们可以在三种不同的类型之间不断变换（这称为"振荡"），甚至可以处于混合状态。梶田隆章和亚瑟·麦克唐纳验证了中微子振荡的存在，并在2015年获得了诺贝尔物理学奖。在美国，深地中微子实验（DUNE）正在研发世界上最大的中微子探测器，目的是观察中微子的混合态和性质是否有助于解释宇宙中反物质的缺失。目前还有各种各样的实验，旨在确定这些超轻中微子的确切质量。

因为中微子是唯一可以从遥远的天体中毫发无损地到达地球的粒子（光子因为与周围原子中的电子发生碰撞而被气体阻挡，质子则被宇宙中的磁场偏转），所以中微子也是观测天体的理想望远镜。为此，我们需要超大型的探测装置。目前，南极冰层中有一个巨大的探测器，一大群科学家正致力于在地中海海底放置另一个探测器，大约1立方千米大小。

实验中粒子的观察与识别

虽然人类的感官非常适合观察我们周围的世界，但它们也有缺点——观察的范围和精度是有限的。例如，狗能听到我们听不到的声音。这就解释了一种奇怪的现象，狗有时会突然一起跑开，或无缘无故地吠叫，因为它捕捉到了人耳听不到的声音。狗能观察到我们看不到的东西，所以我们无须让人在机场嗅手提箱里是否有可卡因，狗可以轻而易举地把装有可卡因的手提箱挑出来。如果我请你告诉我你读这本书时所在地的气温的1/10是多少摄氏度，你估计只能靠猜。由于我们的聪明才智，人类已经克服了一些缺陷，研发了能够探测到我刚才描述的所有东西的机器。这是一个直截了当的想法，但往往是一项艰巨的工作，毕竟如果你都看不到它，你怎么能证明它确实存在呢？

找个时间试试看！下次你和朋友在酒吧或生日聚会上，对他们说："我认为空气中有我们看不见的光线，可以传递声音和图像，传递信息。"如果回应你的是一些滑稽的表情，不要感到惊讶，但你是对的。我们周围的空气中确实有电磁波在传播，这些电磁波携带着无线电、电视、电话和Wi-Fi信号。你的手、眼睛和耳朵都不能帮你证明这一点，所以你必须尝试其他方法。首先，你需要一个能"感知"光线的设备（一根铁棒，在这里是一个接收电波的天线）和另一个能将信号转换成我们人类能看到或听到的东西的设备（比如收音机、电视、智能手机或平板电脑）。

40年前，彼得·希格斯和另一对比利时物理学家在同一时间做出了一个奇怪的预言。希格斯宛如一位真正的绅士，他并不是在酒吧里做出了这一预测，而是发表在一本著名的科学杂志上。他声称所谓"空的"空间根本不是空的，相反，整个宇宙中存在一个场（我们稍后会聊到这个"场"是什么，现在，可以把它看作是一种稀薄的、难以捉摸的物质），它赋予了粒子质量。这个预言一开始似乎和你声称我们周围有传递声音和图像的射线一样古怪，结果却比无线电波的存在更难证明。我们用了40多年的时间才在实验上证明了希格斯场的存在。

探测电磁波只需要一根铁棒和一个收音机，但要发现希格斯场，我们必须开发一整套新技术。首先，我们必须发明有史以来最强大的粒子加速器，即日内瓦欧洲核子研究中心研发的大型强子对撞机，它的周长超过27千米。在它旁边，我们需要一个探测器，一个华盛顿白宫大小的摄像头，用于研究粒子碰撞时留下的碎片。要想这一科学探索成为可能，唯一方法是让来自世界各地的数千名科学家联合起来，共同实验。而他们就是这么做的。为了实现这一共同目标，他们不仅要合作，还要自己制造希格斯粒子，并克服各种各样的问题。这些问题在冒险开始时没有人知道如何解决，需要新的工具才能找到前进的方向。在继续讲述这个故事之前，以及我们如何最终发现空的空间并不是真的空，而是充满希格斯场之前，对我们使用的工具有一个具象的理解是很重要的。

粒子探测器

粒子物理学家的任务是使基本粒子及其性质可见。这些粒子通常是肉眼不可见的，所以我们必须想方法让这个小世界可视化，如果可能的话，还要设法操纵它。在第一章中，我们了解到可以通过向小物体发射更小的子弹并观察这些子弹如何从它们身上反弹来获取关于小物体的信息。我们还了解到，你可以通过让子弹移动得更快来使其变小。事实上，粒子加速器的主要目的就是做到这一点。

当卢瑟福把 α 粒子发射到一片薄薄的金箔上研究原子的外观时，他必须记录粒子反弹的角度。由于这些粒子太小，肉眼无法看见，卢瑟福用了一块涂有某种物质的板，这种物质在被带电粒子击中时会产生闪光。每个30岁以上的人都记得电视机以前是如何工作的：一束电子束打在一块由非常小的像素组成的屏幕上，每个像素由红、绿、蓝三个点组成，被击中时会亮起，后来电脑屏幕仍然使用这三种基本颜色（RGB）。于是，卢瑟福的助手们坐在一间黑暗的房间里，记录下 α 粒子偏转的角度。这是一项简单的计数工作，而角度的分布揭示了原子的结构。

但在卢瑟福的实验中，你怎么知道 α 粒子的移动速度，以及它到底朝哪个方向移动？你怎么看质子和电子的区别？我们需要一台机器，它不仅能显示粒子运动的方向，还能尽可能多地告诉我们关于它的特性，比如速度、质量和电荷。当我讲课时，经常用雪地里的脚印来作比喻。如果我给他们看雪地里的脚印，问这是汽车、兔子还是人留下的，他们会认为这是个奇怪的问题："当然是人。"仔细观察照片可以告诉我们更多。我们能够弄清楚是一个人还是两个人，是小孩还是大人，以及很多其他的事实。

在粒子探测器中，我们做了同样的事情。每当一个粒子通过探测器，它都会留下一个信号模式，就像雪地里的脚印，这个图案显示了粒子的一个或多个属性。通过将粒子发送到多个检测层（每个检测层设计用于识别特定属性），你可以收集关于同一粒子的不同信息。通过组合这些信息，你可以对穿过探测器的每个粒子形成清晰的图像。就像你可以从骨头中重建恐龙的骨架来了解它们的世界一样，你也可以从探测器发现的碎片中重建重粒子的图像。

粒子探测器的三个基本要素

粒子探测器基本上有三个组成部分，用于三种测量类型。

1. 使带电粒子的路径可见。当带电粒子穿过某种材料时，探测器唯一能观察到的部分就是电子云。这些粒子会稍微减慢速度，并失去一部分能量。这种能量损失是由多种原因造成的，但在能量较低时，主要的过程是电离：粒子从它穿过的原子中剥离出一个电子。于是，上述的原子带正电（换句话说，它处于电离状态），电子可以自由漂浮。你可以利用这一现象使粒子通过材料的路径可见，正如我们看到的。

在卢瑟福的发现前后，苏格兰物理学家查尔斯·威尔逊发明了我们称之为云室的东西。他在一个密闭的容器里装满了一种处于非常特殊状态的水蒸气：过饱和和过冷。这意味着空气中的液体比正常情况下容纳得要多，所以最小的振荡就足以将蒸汽变成液体：冷凝。一个带电粒子在穿过云室的过程中使原子电离，正是这种变动引发了这一过程。电离状态的原子形成了凝聚核心：蒸汽转变为液体并出现小液滴云的临界点。这有点儿像晴天时天空中出现的凝结尾迹现象，这表明一架飞机正在经过，即使飞机离得很远。而这种只有在高空和特殊条件下才会形成的薄薄的云迹，往往在飞机离开后会保留很长一段时间。威尔逊的云室是一种类似的使粒子可见的方法（比飞机能到达这一高度还早几年）。这项技术使我们已经发现的带电粒子如质子、α 粒子和电子变得肉眼可见，以便你能够观察和分析它们。云室在粒子物理学中发挥了非常重要的作用，并在1927年为威尔逊赢得了诺贝尔奖。

云室并不是真正的高科技。任何一所高校都可以建造一个云室，而在我工作的地方，阿姆斯特丹的国家亚原子物理研究所的大厅里就有一个。由于我们周围总是存在天然放射性，你总能看到α 粒子和电子在腔室中移动，但如果你想看到更壮观的景象，你可以在腔室附近放置一个放射源。毋庸置疑，能用肉眼直接看到放射过程是非常吸引人的。20世纪50年代，云室被唐纳德·格拉泽于1952年发明的改进型气泡室所取代。因为它是用热的液体而不是蒸汽工作的，所以一连串的气泡看起来像是沸水里的气泡，而不是冷凝的液体，但这只是一个细节。气泡室更稳定，产生的图像也更清晰，但最终的结果仍然是生成显示粒子产生轨迹（在本例中是气泡）的照片。格拉泽因这项发明在1960年获得了诺贝尔奖。

　　在现代实验中，我们一般不使用气体或流体。相反，我们让粒子穿过非常薄的硅板。当带电粒子穿过它们时，它们在材料内部会产生自由电荷。如果在材料内部产生了一个强电场，那么电子和电离的原子会朝相反的方向运动，从而产生一股可以测量的小电流。如果能把这些传感器做得足够小，并把它们堆叠起来，你就可以"把这些点连接起来"，并且非常容易且准确地看到粒子的运动路径。在下面的插图中，粒子从左向右飞行，探测器层接收到信号并显示。粒子在所有这些层中留下的痕迹都用X标记。一旦你有了这些数据，就不难将其解释为粒子飞过时留下的轨迹。图中也显示了这条路径。

　　还有一个重要的部分，粒子损失的能量（硅板中气泡的数量或电流的强度）不仅取决于粒子的能量，还取决于它的类型。正是这一特性带来了第一个发现：人们看到的粒子损失的能量比一个质子或电子少。换句话说，产生了一个全新的粒子。

　　2. 测定带电粒子的电荷和动量（速度）。带电粒子在磁场中会发生偏转。作用在它们身上的力便是洛伦兹力——以莱顿著名的物理学家亨德里克·洛伦兹命名。他指出，在有磁场的区域，带电粒子作圆周运动。圆的半径取决于粒子的速度。粒子移动得越快，磁场就越难使其偏转，而圆也就越大。这就像汽车行驶在道路的圆形交叉路口：汽车行驶的速度越快，为了防止它偏离道路，绕的圈就越大。如果你知道磁场有多强，就可以确定粒子偏转的程度，换句话说，就是圆的半径，然后你就可以计算粒子的速度。

　　在粒子穿过探测器形成的图像中，你可以清楚地看到慢粒子和快粒子的区别。还有另一个显而易见的是，带负电荷的粒子，如电子，与带正电荷的粒子（如质子）偏转的方向正好相反。

3. 通过强迫粒子停止来测量粒子的能量（量热法）。由于粒子在一层很薄的材料中会失去一部分能量，那么一层很厚的材料就可以使粒子完全停止。打个比方，想象把一个铁球扔进一大块泡沫塑料里。如果你把球随意地扔进泡沫塑料里，它可能只会下陷几厘米深，但如果你用力地扔，它可能会砸出1米深的洞。换句话说，球陷入的深度说明了飞入物体的速度。粒子探测器也有类似的现象。我们可以让粒子在一种重物质中完全停止。粒子减速时损失的能量中有一部分是以光的形式存在的，通过精确测量产生的光的数量和粒子停止的深度，我们可以估算出粒子撞击物体时的能量。

重要的一点是，要阻止所有粒子，你需要两个独立的"量能器"：一个电磁量能器和一个强子量能器。迫使电磁粒子（电子和光子）停止的最佳材料几乎对类质子粒子（强子）是透明的，它们可以很容易穿过。为了使它们停下，你需要一层厚厚的重质量材料，这种探测器被称为强子量能器。

我需要补充一点，测量粒子减速时产生的光并非易事。光是在一块重质量材料中间产生的，你要如何把它激发出来，然后用相机测量它？在理想状态下，你应该使用一种既重（也就是说，它包含许多电子，粒子被急速减慢）又透明（这样你就可以清楚地看到它减速时产生的光）的材料。虽然奇怪但幸运的是，有些材料结合了这两种性质。例如，含铅玻璃，偶尔会有铅原子无形地融入玻璃的晶格中。它看起来就像一块普通的玻璃，但如果你想把它拿起来，你会发现它非常重。第一次感受这种玻璃的重量是一种独特的体验。我们可以在玻璃块的末端安装一个光探测器，从而捕获玻璃块在减缓粒子速度时产生的所有光。

第二种量能器专用于减慢较重粒子的速度，用的是更重的材料，通常是铁或类似的东西。这类材料是不透明的，所以我们必须更具创造性。我们使用被称为闪烁体的测光仪，将其内置在材料中，每1厘米左右放一个。闪烁体就像一层薄薄的塑料，可以捕捉光线，并通过光纤将光线从材料中传送到光探测器（光电探测器）。所以，整个强子量能器看起来就像内嵌在一个多层蛋糕中：金属层与闪烁体交替，闪烁体收集光线并将其送走。

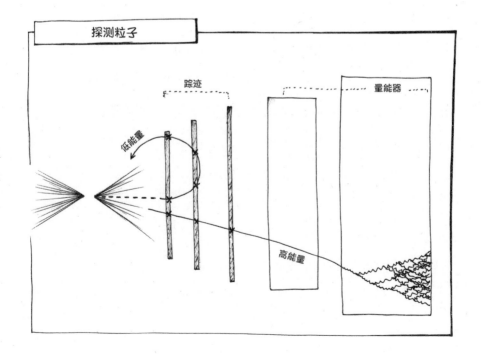

通过组合来自不同探测器的信息，我们可以计算出粒子的电荷量、运动方向和能量等重要性质，从而揭示粒子的类型。这些探测器主要通过揭示那些我们看不见的现象，使我们能够深入最微小事物的世界里。多年来，虽然技术上有了很大的改进，但基本的构件仍包含在这些探测器中。

有了想法和探测器，现在可以继续冒险了。我们要观察的第一个奇怪的现象是什么？这些线索是如何引导我们找到更深层的基本粒子的？

通过直接观察和粒子残骸发现新的粒子

19世纪末，一个奇特的现象就像鞋子里的小石子一样激怒了物理学家：验电器的自发放电。验电器可能是最简单的科学设备，它由两块像纸一样薄的金属板组成，悬挂在玻璃钟罩内真空中的一根铁棒的末端，铁棒从罐子顶部伸出。你可以使金属板带电，其工作原理和静电是一回事：你把气球放在衣服上摩擦，它会粘在一些东西上，或让你的头发竖起来。验电器中的金属板一旦带电，就会互相排斥，因为两个金属板的电荷相反。验电器实验是高中生学习电学知识的一种有趣方式。众所周知，如果放射性物质靠近金属板，金属板会逐渐失去电荷。辐射使空气电离，产生小的泄漏电流，从而使金属板上的电荷消散。所以一段时间后，两块金属板会重新靠近。但是，为什么即使附近没有放射源，同样的现象也会发生呢？

许多人认为，这是因为某个小型的地下放射源正在使验电器失去电荷。听起来似乎很有道理。真相大白了，你大概会这么想。不过但凡你认识一个物理学家，你都能了解他们是多么固执。他们中的某个人肯定会问："这是真的吗？"然后继续去寻找一个详细的答案。20世纪初，在林堡教书的德国神父西奥多·沃尔夫正是这样的物理学家，他造了一个验电器，然后开始测量。如果辐射真的来自地壳中的放射性元素，那么埃菲尔铁塔顶部的验电器会比林堡石灰石采石场地下走廊中的验电器更慢地失去电荷。沃尔夫立刻下到采石场，是的，他还去了巴黎。但令他吃惊的是，埃菲尔铁塔顶部的电荷几乎和采石场底部的一样快地消失了，这意味着是另一种未知的辐射源导致了放电。

埃菲尔铁塔的高度是众所周知的，当然，你还可以往更高的地方去。在卢瑟福进行原子实验的同时，德国物理学家维克托·赫斯也造了一台验电器，并把它放在热气球里，在不同的高度进行了大量测量。他看到，随着热气球越升越高，放电速度有所减慢，但令他吃惊的是，当上升至离地面大约5千米的高度后，放电速度反而开始加快。热气球升得越高，辐射就越多。这完全违背了放射性来自地下的假设。只有一个结论是可能的：辐射来自外太空。赫斯称之为高空辐射，即使他不知道它是什么，也不知道它来自哪里，但确切地说，它来自外太空是显而易见的。

我们现在知道，地球不断受到宇宙某处产生的质子的轰击。它们与高层大气中的氧原子和氮原子发生碰撞，产生带电粒子，这些粒子"从天而降"落在我们身上，并使验电器中的金属板放电。这种辐射现在被称为宇宙射线，仍然是一个重要的研究课题，它往往聚焦于研究极高能量的射线。这些宇宙射线从何而来？是什么过程将其加速到如此高的能量？赫斯在1936年因他的发现获得了诺贝尔奖，并与卡尔·安德森分享了这一荣誉，后者也打开了一个新世界的大门。安德森在1936年发现，宇宙射线中隐藏着我们从未见过的粒子。这些新粒子将来会成为75年后发现希格斯玻色子的关键，它就是 μ 介子。

对宇宙射线的研究引发了科学家的极大兴趣。那些来自太空的奇怪粒子不断撞击着我们的世界，它们到底来自哪里？通过辨别质子、电子和光子在云室中各不相同的行为，我们成功开发了研究这些粒子的仪器。当科学家观察有哪些粒子通过云室时，他们看到了电子，正如他们所预测的那样，电子在磁场中发生了偏转，还有来自放射性物质的 α 粒子、质子和光子（光的粒子）。但在1936年，他们发现了一个不同的粒子：一个在磁场中发生偏转的粒子，就像电子一样（因此必须带电），但其行为方式完全不同。它不像电子那样急剧弯曲，留下不同的轨迹，也不像电子那样可以很轻易地直接穿过铁板。由于它的行为也不同于其他已知的唯一带电粒子——质子，因此它显然是一种具有独特性质的新粒子。结果证明它的重量约是电子的200倍，被命名为"μ介子"。

μ介子，也被称为电子的"重"兄弟，因为它们彼此非常相似，是一个完全凭空而来的粒子。μ介子是基本粒子谱中的一个新成员，它正在逐渐发展。尽管电子和μ介子有许多共同的性质，但最显著的区别是μ介子的重量约是电子的200倍，而且在穿过物质时不会损失很多能量。另一个不同之处在于，μ介子不像电子那样似乎永远存在，它的平均寿命约为2.2微秒。在百万分之一秒多一点之后，它分裂成一个电子和两个中微子。

20世纪70年代中期，加利福尼亚的研究人员发现电子和μ介子有一个"小妹妹"，他们称之为τ子。或许"小"这个词并不合适，因为τ子的重量约为μ介子的17倍，寿命约为μ介子的100万倍。与电子一样，μ介子和τ子都与一个中微子配对。τ子中微子是近年（2000年）才被发现的，它是标准模型中最后一个缺失的基本粒子。

μ介子在希格斯玻色子的发现中发挥了重要作用。在粒子碰撞产生的所有新粒子中，μ 介子是最容易也是最准确地被探测到的。重粒子在衰变过程中常常产生 μ 介子。

尽管宇宙射线后来带来了新的见解，但当时物理学家最感兴趣的还是了解更多关于核力的信息，并建立一个关于量子力学的模型。尽管电磁力会将带电粒子分开，但他们仍然对带电粒子在原子核中叠在一起这一显著事实感到困惑，显然还有另一种比电磁力更强大的力在起作用。同时，我们知道这个力在原子核之外不起作用，否则世界上所有的原子核都会聚成一个大团。

1935 年，汤川秀树在对电磁力描述的基础上找到了解决这个难题的方法。在量子水平上，电力是用信使粒子，也就是光子（光的粒子）的交换来描述的。根据这个说法，信使粒子越重，其电力范围就越小。在电磁场中，光子没有质量，这意味着原则上它的作用力的范围是无限的。如果你想要一个范围有限的新量子力，你需要一个不能脱离原子核的信使粒子（也就是一个力载体）。只要信使粒子足够重，它就很容易存在。预测这个假想粒子的性质非常简单，它被称为 π 介子：它的重量必须是电子的 100 倍左右，当它遇到原子时，速度会迅速减慢。

当 μ 介子被发现时，科学家兴奋不已。这是他们一直在等的 π 介子吗？但这个希望破灭了，因为他们发现它的重量不是电子的 100 倍，而是 200 倍，而且它在物质中并没有减速，而是相对轻松就穿过了。啊！怎么会这样？

最后，因为另一位"顽固"的物理学家，π 介子被发现了。在宇宙射线发现者的带领下，塞西尔·鲍威尔在 1947 年决定到高山上去测量那里有多少 μ 介子。当他观察实验结果时，他不仅发现了 μ 介子的迹象，还发现了另一种粒子：这种粒子不仅被证明是在高层大气中产生 μ 介子的来源，而且恰恰具有物理学家正在寻找的特性。是的，鲍威尔发现了 π 介子。做出这一预测的汤川秀树和实验物理学家鲍威尔分别在 1949 年和 1950 年获得诺贝尔奖。

当宇宙射线击中原子时，π 介子在高层大气中产生，但它从未到达地球表面，因为 π 介子在此之前就处于静止状态。当 π 介子衰变时，它会产生 μ 介子到达地面。该预测受到另一种力的量子力学理论发展的启发，结合对高山上粒子的实际观测，最终达成了理论和实验之间的平衡。实验很快就取得了重大胜利，但在那之后，新的理论又会卷土重来。

我们现在已经到了一个阶段，粒子的数量和种类可能会让你头晕目眩，除非你用更紧凑的模型记忆，这也是我们的最终目的。在所有这些令人惊讶的发现之后，更重要的发现是粒子的种类比我们最初想象得要多。我们发现了 μ 介子粒子（电子的"兄弟"粒子）、中微子（幽灵粒子），以及特殊的 π 介子粒子。我们也认识到一些粒子，例如，原子不是最基础的粒子，还可以继续分解。我们发现一个 π 介子在衰变时会产生一个 μ 介子，在它短暂的寿命（平均 220 万分之一秒）结束时，μ 介子会产生一个电子。这些发现的一个重要意义是，通过逆转这些过程，你可以通过粒子碰撞制造粒子。不过，当时的粒子加速器还不足以完成这一壮举，但幸运的是，事实证明可以使用高能宇宙射线作为"子弹"。果然，当这些射线击中薄铁板时，新的粒子产生了，这让科学家看到了许多奇怪的新粒子会被发现的时代的曙光。

在这一时期，物理学家成功地制造了功能日益强大的粒子加速器，致使他们摆脱了对大自然的奇妙空想。在这之前，科学家一直很沮丧，因为他们不得不等待，看看在无法预知能级的情况下，大自然是否会发射恰巧穿过探测器的宇宙射线。但是现在，他们可以在受控的环境中制造自己需要的粒子碰撞。就像生物学家可以在实验室培育蜉蝣一样，科学家现在也可以系统地制造具有某些特性的新粒子，并对其进行详细研究。正如我们会在本章之后看到的，解密所有这些碰撞并对新粒子进行分类的过程带来了大量新信息。一开始这些信息似乎来势汹涌，但我们最终发现，尽管物质具有多样性，但它最终只由几种粒子组成，而在这个距离标尺上控制其行为的三种自然力遵循一套相当简单的规则：标准模型。

而将我们带到最终目的地的最后两个步骤是：发现了碰撞中产生的重且寿命极短的粒子的潮汐波，以及认识到核子（质子和中子）是由夸克构成的。

故事发展到这一阶段，由于核弹惊人的破坏力，核物理已经成为一个拥有巨额研究经费的主要研究领域。

1946年，π介子的发现是一个巨大的飞跃。如果宇宙射线和高层大气中原子的碰撞可以产生新的粒子，那么我们也许可以在实验室里研究这些碰撞。例如，试着将一块金属板暴露在我们探测器附近甚至内部的宇宙射线中。这个计划成功了：正如我们希望的，在探测器内部，我们看到新的粒子出现在被宇宙射线击中的金属板下。当物理学家仔细观察这些新粒子时，发现似乎有些粒子对（一个带正电荷，一个带负电荷）会突然凭空出现在某个地方，距离金属板约1厘米的位置。但是粒子就这么凭空冒出来了，简直让人难以想象。一种解释是在碰撞中产生了中性粒子。由于它是电中性的，因此，在分裂成两个带电粒子前，它不会发出任何信号，也不会被探测到。而当它分裂成两个带电粒子后，则会被探测器捕捉到。这让它们看起来好像是不知从哪儿冒出来的一样。从带电粒子的特性可以推断出中性母粒子的许多性质，如能量、质量和寿命等。然后我们发现它不是碰撞中产生的唯一新粒子。

即使在今天，当我们想证明新粒子存在时，我们仍然要观察它的衰变产物。让我们回到用宇宙射线轰击铁板的例子。你可以清楚地"看到"这两个新粒子好像就这么突然冒了出来。这是由中性粒子引起的，它仅存活了足够移动1厘米的时间，尽管它以光速移动。

但大多数新粒子的寿命比它还要短，通常要短10亿倍。在这种情况下，即使你不能直接看到母粒子在移动，仍然可以从其衰变产物得出结论，一个重粒子是在碰撞中产生的。这是识别寿命较短的粒子的标准技术，也是我们后来证明希格斯玻色子存在的方法。所以，对我来说，详细描述这项技术的每一步并向你展示我们是如何得出这个结论的是很重要的。我将专业的粒子物理分析浓缩在短短的一页中。

粒子最重要的特性之一是它的质量。当一个粒子分裂，或者更准确地说，衰变为其他粒子时，它的质量保持不变。即使子粒子的质量要小得多，你也可以用它们的能量和轨迹来计算母粒子的质量。如果计算每一次与这类子粒子碰撞时的不变质量，你应该会看到相同的值：母粒子的质量。但事实没这么简单，因为每次碰撞产生的不仅仅是母粒子的衰变产物。这给了你大量可能的组合，其中只有一个是正确的。更糟糕的是，还有一些碰撞，其中并没有产生特定类型的母粒子，但却恰好产生了两个与子粒子相同类型的粒子。但在这种情况下，两个粒子之间没有任何关系，所以如果你测量不变质量，结果会是一个任意值：有时低，有时高。

为了证明一个新的重粒子潜伏在你观察的许多场景中，你必须在每次碰撞后做两件事：（1）寻找预期的衰变产物，即两个子粒子；（2）计算并绘制它们的不变质量。在不涉及新粒子的碰撞中，质量会呈现一个相当平坦的分布：有时高，有时低。但如果产生了重粒子，数值则始终相同。

下图显示了大量碰撞的不变质量，横轴代表测量的质量，纵轴是观察到该质量的碰撞次数。底部阴影的水平矩形显示了没有产生新粒子的情况：一个平坦、任意的分布。但每当碰撞产生一个新粒子时，测量的质量每次都应该相等，或者说近似相等，因为没有一个实验是完美的。所以，你希望在这张图上看到更多由新产生的粒子引起的事实。在你进行实验之前，新粒子的存在只是一个假设。在这个特定的实验中，我们看到测量值（图上的 ×）根本没有显示出平坦的分布，相反，图中有一个明显的峰值。这是一个新粒子。

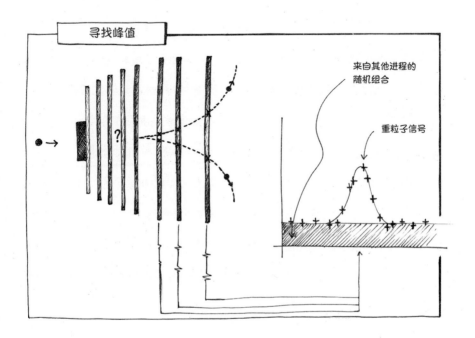

这些碰撞中，新粒子产生的频率。这里画的正是我们用来寻找各种新粒子，以及寻找希格斯玻色子存在的证据。这一切看似很直白，但在我的例子中，为了说清楚原理，我夸大了新信号的强度。有时候，我们会得到一个这样的图表，但幸运的是，大自然经常让事情比这张草图显示的更具挑战性，所以我们必须要更加努力地解决这个难题。

我们使用大量数据来确定看到的峰值是否真实，或者偏差是否出于其他原因。打个比方，如果要研究图表上的某一点发生的碰撞，我们会试图弄清楚这是巧合、因计算失误产生的低级错误还是探测器突然失灵所致。在确定我们已经证明了新粒子的存在并向世界公布成果之前，必须先遵循一项严格的协定。信用缺失的不良影响非常广泛，因此举证责任显得尤为重要。近年来，一些科学领域在大张旗鼓地宣布专利成果时受到抨击，我们不能重蹈覆辙。

利用粒子加速器制造新粒子

如果说哪件事会让物理学家生气，那就是无法控制和操纵实验的每一个细节。即使没有各种不相关现象的干扰，理解自然也足够困难。但在20世纪50年代，物理学家别无选择。回旋加速器是当时最强大的粒子加速器，帮助过我们分裂原子，甚至在今天，仍在医院的X射线和放射性治疗方面起着重要作用。但是，尽管它的功能越来越强大，但威力还不足以达到复制宇宙射线效应所需的高能量，从而实现在实验室中制造新粒子的目的。实现威力足够的碰撞的唯一方法是使用真实的宇宙射线，但缺点是我们不知道宇宙射线何时能到达我们的实验设备，什么样的粒子会撞击金属板，或它们会产生多少能量。这个问题在20世纪50年代末得到了解决，科学家首次实现了高能粒子碰撞。

　　马克·奥列芬特发明了同步加速器，从而让我们在粒子能量方面迈出了下一步。在奥列芬特看来，粒子在磁场中会发生偏转，所以如果你想让粒子在一个小的空心真空管中绕圈运动，你必须确保磁场的强度足以把粒子送入完整环绕真空管的回路，确保它们恰好在开始的地方结束。在真空管的某些部分，如果粒子加速过度，它们就会飞离弯曲的路径。磁场可以应对速度稍慢的粒子，但它的强度太弱了，无法使速度更快的粒子发生偏转。但是请假设你加速粒子时也加强了真空管其他部分的磁场，所以它们仍然只形成一个回路。这也是用来使粒子在大型强子对撞机周围循环的原理。在大型强子对撞机里，粒子也以较低能量进入，并在每一个周期被稍微加速。同时，磁场逐渐增大到最大强度。在达到最强磁场强度时，我们必须停止增加粒子的能量，否则它们会飞走。

　　在使用宇宙射线时，你不得不等待，看看粒子需要多长时间才能击中你的仪器，以及它有多少能量，但粒子加速器能让你精确地控制这些因素。由于奥列芬特的发明只需要一个小真空管中的磁场，因此它比早期的加速器稳定得多，这是迈向更高能量跃进的第一步，就像21世纪早期的大型强子对撞机。

　　了解如何引起两束加速粒子之间的碰撞（而不是像我们之前那样将一束高速粒子瞄准一个静止的平板）是提高粒子碰撞能量的最后一大步。这就是大型强子对撞机的工作原理：两束质子被加速，当它们达到最大速度时，它们都在同一个位置：众所周知的"针眼"。那么质子几乎不可能避免碰撞，而我们物理学家正是在碰撞点附近进行实验的。所有在碰撞中产生的粒子及其残骸都向外飞去，穿过我们前面讨论过的不同探测器层：记录带电粒子路径、电荷、类型和速度的跟踪探测器，然后是测量粒子能量的量能器。通过结合不同测量层的信息和观察碰撞的特征，我们可以判断是否产生了新的粒子。

在 20 年的时间里，我们用加速器发现了很多粒子：Λ 粒子、Σ 粒子、Δ 粒子、ρ 粒子、η 粒子等。每一个粒子的特性都被收集起来，并详细记录在"巨著"《粒子数据手册》中。这是一段有趣但也令人困惑的时光。一些人把这项工作形容为"集邮"，像是调侃一些物理学家在新的观测没有任何"真正的"新的基本见解时，对其他领域所作的有些傲慢的评论。这个时期的物理学，充斥着混乱和数据收集，可能看起来很无聊，但它非常重要。像过去一样，混乱一直在持续，直到有人注意到深层潜在的模式，该模式能让所有测量和观察到的现象全都"归位"。我们有时会忘记早期非常相似的对原子进行分类的那段时期，当时最终得出了一个结论：尽管原子的性质各不相同，但它们都是由相同的三个构成部分组成的：质子、中子和电子。回顾今天，我们可以看到这个体系的逻辑，但这一见解是在多年的实验和探索之后产生的。

在物理学家发现了大量的粒子后，新粒子可以根据质量被分为两类。质量较重的粒子——约和一个质子或核子相当，被称作重子。但还有一类粒子，如 π 介子，质量介于电子和核子之间，被称作介子。在这两类粒子中，我们发现了一些令人惊讶的现象。打个比方，有些粒子具有完全相同的质量，但带的电荷却不一样。比如 4 种 Δ 粒子（Δ、$Δ^0$、$Δ^+$ 和 $Δ^{++}$），每个粒子重约 1232 兆电子伏特，比一个质子（938 兆电子伏特）略重一些。尽管作用在这些粒子上的核力是一样的，但电磁力却完全不同，因为每种粒子的电荷不一样。还有另外两种类似的粒子组：三种 Σ 粒子，质量为1385兆电子伏特，以及两种 Ξ 粒子，质量为1533兆电子伏特。在这些粒子组合里，粒子不仅具有相同的质量，还有另一种称为"奇异性"的性质。在这里我们不细说这个性质，只单纯提一下这种性质对如何形成粒子衰变以及衰变速度的影响。

　　现在，我们来看看下图中的模型，再回忆一下刚刚你了解到的各组粒子的质量。你会发现，每一行的粒子比它上一行的粒子重约150兆电子伏特，又比它下一行的轻约150兆电子伏特，同时，粒子越重，所在行的粒子数量越少。如果有人问你这个模型是否完整，你大概会猜测三角形的第三个角上缺了一个粒子，其质量约为1680兆电子伏特（比上一行的重约150兆电子伏特），同时带电量为−1。虽然没有人见过这样的粒子，但这似乎符合现有模型的逻辑，因为它能使现有的已明确的模型变得完整。

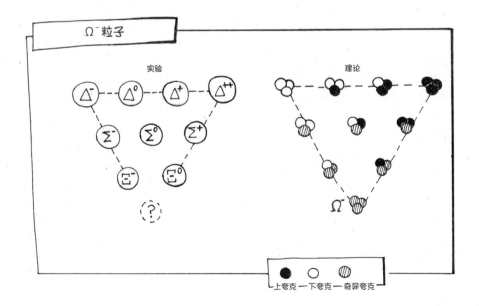

在20世纪60年代，默里·盖尔曼和乔治·茨威格分别解决了这个疑惑。当我们假设在实验中发现的所有重子和介子都由三个更小的基本构成要素组成，那么所有的模型（质量和性质）都能解释得通。这三个基本构成要素是夸克，即上夸克、下夸克和奇异夸克。这些夸克的带电量分别是电子电量的 +2/3、−1/3 和 −1/3。假设上、下夸克的质量一样，而奇异夸克的重量比它们重150兆电子伏特，那你就可以解释之前观察到的粒子行间质量差。每一行粒子的夸克组合中都有一个奇异夸克。这个模型最好的一点是，所有观察到的粒子都能适用。如果你有3个夸克进行排列组合，那就有10种组合方式，并且这些组合正好对应于模型中的粒子。至少我们已经发现了其中9种。第10种，也就是三角形底部的 Ω⁻ 粒子，当时还未被发现，仅通过夸克模型预测得知。

同年，当这个粒子被发现时，它的所有性质与预期一样，这是夸克模型的一次胜利。从那一刻起，π 粒子和核子（质子和电子）"失去"了基本粒子的地位。相反，它们"仅仅"是由夸克构成的许多复合粒子中的两个。质子仍然是特殊的，因为它是稳定的，而由夸克构成的所有其他粒子寿命都是非常短暂的。

事后看来，解决办法是很容易掌握的，但做个事后诸葛亮谁不会呢。而问题在于，谁会是第一个把拼图拼凑起来看到全局的人？像这样的惊人发现，你大概会认为它值得所有人为其欢呼，毕竟它代表了一个与20世纪早期发现影响力相同的突破，当时由于核子和电子的发现，基本构成要素的数量从90个（元素的数量）减少到3个。同样，这一次，几十个重粒子被还原成了几个夸克。

但即便如此，还是有批评的声音。尽管夸克模型完美地解释了测量结果，但问题仍然存在：夸克仅仅是一个数学推演，还是质子真的有一个亚结构？没有人在实验中见过一个夸克。另外还有一个问题：图中三个角的粒子分别由三个相同的夸克组成，类型和性质完全相同，如质量、自旋和自旋方向。理论告诉我们那是不可能的。为什么？因为泡利的不相容原理，我们在前一章遇到过，该原理指出一个体系中的不同粒子不可能具有完全相同的性质。这一原理解释了原子中电子的结构，并已成为基本粒子量子力学理论的基本要求。三个完全相同的粒子处于复合状态？这真不可思议！

第一个问题——证明质子确实是由夸克组成的——是用卢瑟福在1910年使用的相同办法解决的：制造比质子小得多的粒子，并将它们击向质子，看能否描述它们的形状。是不是像台球一样，完全实心的？或者它有内部结构，像核桃一样？更具体地说，它的核心是由三个更小的"球"组成的吗？1968年，我们终于设法将粒子加速到足够高的能量，使它们比质子本身小，这样我们就可以用它们作为显微镜来观察质子的内部，很明显，质子确实有一个隐藏的亚结构。

第二个问题的解决方案，即复合体系中三个相同粒子的理论难题，也比预期的简单。如果想挽救泡利的不相容原理，我们必须找出三个外观相同的夸克之间的一些差异。当莱顿的年轻科学家想到以前隐藏的自旋特性时，类似的看起来相同的电子问题已经得到解决。所以，我们可以用同样的方法来解决夸克问题，因为它们有一些我们之前忽略的额外特性，这种特性的值在较大粒子的三个夸克中都不一样。这个新特性被命名为"颜色"，并指定了三个值：红色、绿色和蓝色。

"颜色"这个词可能令人有些困惑，因为我们会把它与日常生活中的一种属性联系起来，但它的工作原理实际与电荷的属性相同，电荷的属性也有一组有限的值（0，±1e，±2e，…）或者自旋，有两个可能的值（±1/2ℏ）。简言之，我们发现了夸克的不为人知的一面，但这使它们满足了泡利不相容原理。每个夸克有三个"版本"，因此复合粒子中的三个夸克并不完全相同，每个夸克都有一个独特的颜色。所以，夸克是存在的，并且是寻找自然界基本构成要素的新前沿。

另外三个夸克最终与上夸克、下夸克和奇异夸克一样被科学家发现了。它们比这三个轻夸克要重得多，所以在粒子加速器的碰撞中，过了好长一段时间才显现出来。粲夸克在1974年被发现，底夸克则是在1977年，最后，在1995年，我们观察到了顶夸克，它的重量是质子的180倍，目前仍然是已知最重的基本粒子。六个夸克被分成三对，就像电子中微子对和它的两个对应粒子一样。上夸克和下夸克形成了第一族中的夸克，粲夸克和奇异夸克是第二族，底夸克和顶夸克组成了最重的第三族。换句话说，夸克遵循与类电子粒子和中微子相同的模式。为什么？这完全是个谜。

反物质的预测、发现和应用

12个基本粒子形成了一个完美的模式，也是我们了解周围世界的基础。但一切还没结束。事实上，这12个粒子只是拼图的一半，还缺最后一种神奇的成分：反物质。这个词经常被用来形容一种外来的、神秘的和致命的物质（尤其在科幻小说里），而有限的信息量使公众更加好奇。但是，对粒子物理学家来说，反物质其实很普通。我们发现，每个基本粒子都有一个孪生粒子，它们在几乎每个方面都是相同的，如质量、寿命和衰变模式等，但电荷却正好相反。正如粒子物理学家看到的，反物质占所有基本粒子的50%。

不过，由于反物质并不是在地球上或宇宙其他地方自然产生的，所以公众认为它是一种神奇的东西。最著名的例子可能是丹·布朗的《天使与魔鬼》一书中用来摧毁梵蒂冈的炸弹——由1/4克反质子制成。虽然这在理论上是可能的，但现实截然不同。反质子只能在欧洲核子研究中心这样的大型实验室中，在受控的条件下制造和分离出来，而制造1/4克则需要耗费几亿年的时间。换句话说，这不太现实，但作家们不会因此而停止创作。欧洲核子研究中心的实验人员甚至成功地制造出反原子，将反质子和反电子结合起来形成反氢。真是令人着迷的研究领域和令人惊讶的技术成就！乍一看，对反物质的研究似乎是学术的终极追求："好吧，它确实存在，但它有什么用呢？"然而，尽管反物质占据了科学界最奇怪的角落之一，但它每天都被一些大型医院用来检查肿瘤。你可能听说过PET扫描仪，甚至你家附近的医院可能就有一台。但反物质到底是什么，又有什么用途呢？

当量子力学还处于起步阶段时，英国人保罗·狄拉克是第一个成功将爱因斯坦的相对论与量子力学结合起来的人。他发现了一个公式，可以用来预测在那个奇异的量子世界中电子的运动（一个运动方程）。当你研究一种自然现象时，无论是苹果落地还是蜜蜂之间或人与人之间的交流，将你所知道的一切都结合到一个模型中是至关重要的，它能让你直观地看到所有起作用的因素。一旦你弄清楚模型的不同部分是如何相互作用的，你不仅会知道每次遇到同样的情况时会发生什么，还能对全新的情况做出预测。在物理学中，模型通常是对不同作用力的数学描述，它使你能够回答关于研究体系的任何可能的问题。在第四章，我会详细讨论标准模型中的主要公式。它不仅包括基本粒子，还包括使它们相互吸引和排斥并呈现新形式的力。

如果你把一个电子想象成在太空中运动的一颗微小子弹，那么你可能会认为你可以应用与摆动的钟摆或投掷的球相同的古老公式。但量子力学和电子自旋的发现清楚地表明，基本粒子遵循的是不同的规律。狄拉克的运动方程，简称狄拉克方程，被证明是一个既优雅又简洁的公式，虽然很简单，却精准地描述了电子的复杂行为。

狄拉克更深入地研究了方程的结果，他发现公式中隐藏着一些奇怪的东西。该模型预测，除了普通电子之外，还可能存在带负能量的电子。当然，这听起来太荒谬了，怎么会有负能量呢？这似乎是个"错误解决方案"的典型例子。

在物理学中，类似这样的奇怪情况时不时就会出现。如果你从乌得勒支的多姆大教堂塔顶扔下一块大理石，那么你在高中学到的公式会告诉你，大理石到达地面需要4.5秒，或者说，非常奇怪，是–4.5秒！通常情况下，你会尽可能快地把这个"奇怪"的解决方案藏起来，但对狄拉克来说，这并不容易。他找到了一种消除负能量粒子的方法，但这意味着电子随着时间推移在向后移动。可真是一波未平一波又起。

理论物理学家有各种各样的窍门，所以他找到了另一种解释。你可以把它想象成一个带正电荷的电子，也就是一个反电子，而不是一个使时间倒转的电子。如果你觉得这很奇怪，那么你是对的。每一个在量子力学研讨会上看到这一步的物理学学生都认为这简直是胡说八道，但很快就学会了如何运用它。狄拉克在20世纪20年代宣称，一定有类似反电子的东西，我们称之为正电子，这是理论物理学史上最勇敢的预言之一。为什么勇敢？举个例子，正电子和电子的重量是一样的，但粒子物理学家在他们的数百次实验中从未见过反电子。

理论物理学家仍然每天对奇异粒子的存在进行预测，但十之八九（或可能是所有）的预测结果完全是一派胡言。狄拉克的反物质是最早的此类预言之一，但这个奇怪的预言最终被证明是正确的。在他提出正电子存在后不久，第一次与宇宙射线的碰撞实验揭示了"正电子"的存在。因此我们可以说，狄拉克的反粒子是真实存在的，今天我们甚至知道每个粒子都有一个对应的反粒子。这意味着基本粒子不只是12个，而是24个。由于自然法则，这同样适用于复合粒子。所以，如果你能用两个上夸克和一个下夸克制造出一个稳定的粒子（质子），那么也一定存在两个反上夸克和一个反下夸克（反质子）的组合。直到1955年它才被创造出来，因为那时的粒子加速器终于强大到可以产生足够的能量，在我们掌握这项技术之后，很快就发现了反质子。

在深入越来越小的结构的过程中，我们看到了许多尚未解决的问题，但当你听到反物质仍然有其神秘之处时，你不会感到惊讶。地球上的一切都是由物质而不是反物质构成的。事实上，在整个宇宙中，反物质似乎都不见了。但是，如果自然法则如此对称，为什么宇宙中会有物质存在，以及为什么宇宙开始时，所有的物质和反物质粒子不会相互湮灭呢？粒子和反粒子的一个特殊方面是它们可以相遇并和相互湮灭。这就是我们在一个实验中产生正电子时面临的问题。除非它是在一个完美的真空中产生的，否则正电子很快就会撞上一个电子。毕竟，电子存在于地球上的每个原子中，所以它们存在于探测器内部的气体和每个探测层的材料中。正电子和电子一相撞，就会互相湮灭，并产生两道闪光。那么所有的反物质发生了什么？宇宙诞生时，物质是否比反物质多一点？还是有其他机制使所有反物质消失，只留下物质？标准模型提供了解释这种轻微不对称的方法，但还不足以解释我们在宇宙中看到的巨大差异。那么解决办法是什么？没有人知道。这正是这项研究令人兴奋的原因。最终，它可能会告诉我们为什么宇宙中会包含任何东西。

尽管反物质占据了科学光谱中最超现实的部分，但我们发现了一种令人惊讶的将其应用于人类社会的方式。不是像丹·布朗小说中那样用来制造炸弹，而是用来寻找肿瘤。正电子遇到电子时产生的两道闪光可用于PET扫描定位肿瘤。

第一步是给病人注射放射性物质：附着在大分子（通常是糖）上的放射性原子。这些分子被血液携带到肿瘤处并在那里聚集。关于具体怎么做，那属于医学问题，我就不细说了。放射性原子就是我们所说的β＋发射体：当它衰变时，它发射的不是电子（β辐射），而是正电子，也就是发射反物质。在放射性衰变过程中释放出正电子后，它很快就会在体内与一个电子相遇。当这两个粒子相互湮灭时，它们产生了两个光子，并以相反的方向直接穿过物体。而在体外，这两个光子被普通摄像机记录下来。所以，如果你看到两个光子几乎同时出现，你就知道在两个相机之间的直线上有一个正电子碰撞。那一定是放射性原子的位置，因此也是肿瘤的位置。通过非常精确地测量每一次闪光的到达时间，你甚至可以计算出湮灭发生在那条线上的位置。因为病人被注射了许许多多的放射性同位素原子，而这两个粒子总是以随机（但总是相反）的方向飞出，所以你可以得到肿瘤的三维图像。在医院使用反物质追踪肿瘤，一般人谁会想到呢？

基本粒子的完整集合

在最初的困惑之后，我们从已发现的模式中得知，许多新粒子是由两个或三个夸克组成的。基本粒子的数目其实很少，暂时撇开反物质不谈，一共

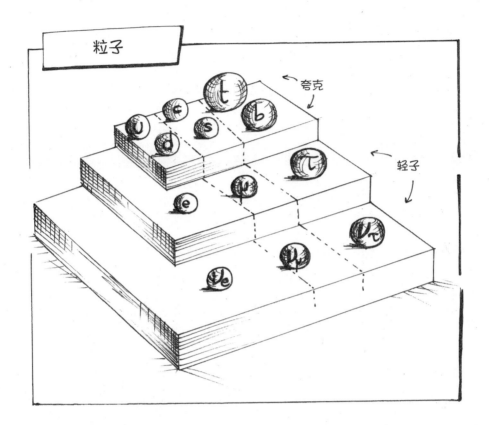

有12个：6个夸克和6个轻子。

夸克有6个：上夸克、下夸克、粲夸克、奇异夸克、底夸克和最重的基本粒子顶夸克。单个夸克在自然界中并不能独立存在，但是两个或三个夸克的组合可以形成粒子（分别是介子和重子），统称为强子。最常见的强子是质子和中子，它们是上夸克和下夸克的组合，一起构成了地球上和整个宇宙中所有物质的原子核。

轻子有6个：3个带电荷的轻子（电子、μ介子和τ子）及其伙伴，3个中微子（电子中微子、μ介子中微子和τ子中微子）。

从1920年到1970年的50年间，粒子加速器的设计和能量以及探测技术的巨大进步使我们能够深入基本粒子的世界中。除了组成原子的核子和电

子，我们还发现了一个幽灵粒子，以及核子原来是由夸克组成的。这一族的
4个粒子以及另外2族的备份粒子组成了12个基本粒子，它们可以组合成许
多质量重、寿命短的复合粒子。更奇怪的是，每个粒子都有一个反粒子。正
如你所见，即使我们对大自然的基本构成要素有了更深入的了解，它们却一
如既往地保持着神秘。为什么有3个粒子族，而不是只有1个？所有的反物
质发生了什么？为什么粒子的质量差异如此之大？

我们不仅发现了这些粒子，而且还发现了根据其性质决定它们行为的规
律。为什么碰撞时有些粒子比其他粒子产生得更多？为什么电子和正电子可
以相遇并相互湮灭，而正电子和 μ 介子却不能？我们最终了解了这套自然
法则，把所有粒子和法则称为标准模型。考虑到规则所描述的现象的丰富性
和深度，规则的表述看起来似乎很简单。现在我们已经熟悉了这个理论的大
部分内容，可以看到一切似乎都源于一小组数学对称性。我们观察到的所有
复杂行为都是基于少数起源成谜的"立柱"。这种观察有什么深层的内涵？
标准模型究竟是如何工作的？我们很快就会看到，让整个粒子物理大厦屹立
不倒的唯一方法就是加入最后一根立柱：希格斯玻色子。

第四章
标准模型中的力

既然已经确定了构成宇宙万物的基本粒子，那下一步就是去探索这些粒子是如何相互沟通的。我们知道，根据粒子的质量和电荷，它们可以相互吸引和排斥，以及夸克被"困"在像质子这样的稳定粒子中。但是，当一个粒子遇到它的反粒子时会发生什么？碰撞中如何产生新粒子？原子核是如何衰变的？在这些过程中，什么规律主宰着自然，是什么让"自然力"起了作用？

构建一个包罗万象的理论需要数年时间，并且这一理论要适用于每个粒子和每种力。我们先详细研究每个单独现象，再进一步深入思考分析。一切都尘埃落定后，我们意识到粒子实际上只有四种属性来决定其行为方式。这四种属性与规则相结合，解释了粒子如何相互作用，并在此过程中塑造了我们的世界。四种自然力（以及相应的属性或"电荷"）是：

1. 引力（质量）：描述粒子如何相互吸引并聚集成行星和恒星，以及为什么苹果会掉到地上。

2. 电磁力（电荷）：解释带电粒子如何相互吸引或排斥，以及材料的大多数特性。

3. 弱相互作用力（弱同位旋）：使粒子变成其他粒子且具有放射性，仅适用于微小距离。

4. 强相互作用力（颜色）：描述夸克如何聚集成质子和中子等粒子。

这些力构成了标准模型的基础，并为人类实验和探索新现象奠定了坚实的基础。

经过多年的奋斗、试验和失败，这一谜团的种种终于在20世纪六七十年代渐渐明朗。即使在今天，引力仍然是种不同寻常的力，但其他三种（量子力）最终被证明具有相同的基本数学结构。尽管它们之间存在巨大差异，但可以被理解为相同基础过程的不同例子：粒子通过交换所谓的信使粒子或力载体进行交流。这些力载体及其规律，包括上一章中的基本构成要素，一起构成了著名的标准模型。

虽然这个模型的数学结构非常漂亮，但有一个严重的问题：它无法解释为什么世界中的粒子存在质量。这不仅仅是遗憾，对于旨在描述自然的理论来说，这犹如"死亡之吻"。毕竟粒子确实存在质量。为了保存美丽的数学结构，同时赋予粒子质量，我们不得不在原本完美对称的框架中引入一个微小的缺陷。彼得·希格斯及其同事提出的最终调整方案完善了标准模型的基础，但也付出了高昂的代价。如果他们的想法是对的，那么世界上一定还隐藏着一种粒子：希格斯玻色子。

在探索基本粒子的世界时，粒子物理学家使用的策略与试图理解世界的孩童没什么不同。孩子从父母那里学到的知识不仅包括实践技能，还包括适用于任何社会的各种人际关系规则。这些规则并不简单，它们取决于数百种因素，社会背景还会让事情变得更复杂。在自然界中，苹果总是会掉下来，但一个人对一个动作的反应取决于社会环境。富裕大都市社区的读书俱乐部与郊区城镇的保龄球俱乐部有着截然不同的文化，足球俱乐部与高尔夫俱乐部的互动规则也不同。一旦你知道（有时是通过痛苦的经历）哪些因素和规则与自己的生活相关，游戏就会按照固有的模式展开，不会再有痛苦。即使你从未经历过，也可以依靠一般社会模型过活。

　　为了发现和理解自然规律，科学家采取了类似的方法。他们也在寻找这一游戏的基本规则。而跟人际交往中所有棘手的社会互动相比，最大区别在于，自然法则是永恒且理性的：在任何特定情况下，自然总是以完全相同的方式作出反应。与大多数无忧无虑享受自然奇观的普通人相比，科学家的不同之处在于，他们试图将自然拆解成最基本的要素。他们营造环境，隔离某些属性以找到问题的核心。无论是落下的苹果，还是蜜蜂之间或人类之间的交流，他们的问题始终是：潜在的规律是什么？我必须承认，这是一个永无止境的探索，从一个为什么到下一个为什么。没错，当你放开苹果，它肯定会掉下来，任何人都可以看到。但是它为什么会掉落，掉落的速度有多快，会根据苹果的形状或重量变化吗？一旦你知道自然是如何运作的，下一步就是弄清楚它为什么这样运作。

　　物理学家用公式描述大自然的运作方式：以最简洁和最简单的方式写下规则，绝不拖泥带水。如今，公式描述了自然如何运作。如果观察到的新现象与目前确定的规则相矛盾，那我们要做的就是完善规则，就这么简单。在不断改进和调整的过程中，有时科学家会从不同的角度或新的基本原理得出相同的规则。这样的重大范式转变只会非常偶然地发生一次，不过一旦发生，就会立马涌现大量新思路。

大多数人不习惯"看"公式，所以我通常避免使用它们。严格来说，你不需要公式来掌握要领。我会尽我所能来对抗当今世界上最根深蒂固的恐惧之一：公式恐惧症。毕竟正是这些公式让我们知道真空并不是空的，并预测到那里被所谓的希格斯场填充。为了展示我们是如何证实这一预测的，在讨论每个单独力的时候，我会列出逐步深入的步骤：通过熟悉的力的量子版本和新的属性，对核力的神秘属性进行范式转换。

引力，格格不入

在深度解析标准模型中的三种力之前，我先讲讲引力。尽管它是最著名的自然力，但在大多数关于粒子物理学的书籍中都看不到它，最多只会有一个简短的脚注，告诉你引力比其他三种力弱得多，它在最小粒子的世界中起不到重要作用，所以不用谈论它。无论如何，引力都不适合标准模型，因为目前还没有将引力与量子力学结合起来的理论。那么我们为什么要浪费时间讨论它呢？引力确实仅在最大的物体世界中起作用，在那里，物质聚集成行星和恒星。

但无论如何，我还是从引力开始，简要向各位展示一下我们科学家是如何利用公式深入时常隐藏的相互作用本质，以及那些完全颠覆我们认知的新想法是如何产生的。

17世纪后期，英国物理学家艾萨克·牛顿提出的万有引力定律指出，两个有质量的粒子相互吸引。这听起来可能很简单，但即使在今天，我们仍然无法解释。即便如此，一旦你接受了这一事实，那么苹果总是向下落、人跳跃后总会落回地面就合乎逻辑了。在这两种情况下，都有一个无法摆脱的沉重物体"拉"着我们：地球。如果你通过试验更详细地研究这种力的行为，那么一段时间后，你会得出与艾萨克·牛顿（他的名字与这种力永远联系在一起）相同的结论。他观察到两个粒子之间的力（F）取决于这些粒子的质量（m_1和m_2）以及它们之间的距离（r）的二次方。力的强度也由一个恒定的因素决定，即引力常数（G）。公式如下所示：

$$1915年前的引力：F=G\frac{m_1m_2}{r^2}$$

粒子越重，它们之间的引力就越强，如果粒子间的距离是原来的两倍，它们之间的引力就是原来的四分之一，这就是公式的全部内容。这个定律的伟大之处在于，所有的引力规律都在其中，可以用来预测事物。例如，该公式可以帮助你了解月球如何以及为何围绕地球旋转，以及网球被打回时会落在何处。当把它与牛顿提出的更普遍运动定律（力是质量乘以加速度）结合起来时，另一件有趣的事情发生了：当计算一个粒子的加速度时，换句话说，当思考一个粒子如何在引力作用下获得或失去速度时，质量会抵消。这意味着什么？这纠正了对自然的最大误解之一，即质量大的物体比质量小的物体下落得更快。更具体来说，牛顿公式告诉我们，坦克下落的速度与青蛙是相同的。许多人很难相信，但这是真的。

自然规律具有普遍性，不仅适用于地球，而且适用于整个宇宙，所以该公式可以轻易地预测出苹果被扔到月球上会怎样掉下来。如果月亮的重量是地球的80倍，半径是地球的4倍，那么它对苹果的引力将是地球的五六倍。因此，宇航员能迈出那"一大步"，尼尔·阿姆斯特朗和巴兹·奥尔德林不需要大型火箭就能脱离月球。预知这类事情是很有用处的。

牛顿的万有引力公式运作完美，数百年来没有任何迹象表明它可能不完备。当然，我们过去不能，现在仍旧不能解答为什么粒子会相互吸引这一简单的问题，但在20世纪初，阿尔伯特·爱因斯坦的新思路让我们得以重新审视牛顿的公式。他使我们看待引力的方式发生了范式转变。爱因斯坦在他著名的相对论中总结到，空间和时间并不像人类想的那样是稳定静止的。相反，它们盘根错节，无法分离。他还做出了一个更惊人的预测：巨型物体会扭曲它所在的空间。用公式来表示：

$$1915\text{年后的引力：} R_{\mu\nu} - \frac{1}{2} R g_{\mu\nu} + \Lambda g_{\mu\nu} = \frac{8\pi G}{c^4} T_{\mu\nu}$$

估计到这里你已经看不下去了，我知道你在想什么："牛顿公式是一方面，但如今他离我们太久远了。"没错，我只是罗列了一堆希腊字母和符号，没有阐明它们的含义。由于你看不懂公式，所以也就看不到其中的意义或价值，但这是阿尔伯特·爱因斯坦对引力的思维提炼，是一座信息金矿。这些信息彻底改变了我们的世界观，并且要花上好几年的时间才能提取出所有精髓。因此，是时候深入研究数学和公式的语言了。是什么让他们如此困惑？你要如何控制对公式的恐惧？如何才能感受到公式的内在美？

在纸上随意写一些希腊字母，添一些奇怪符号，就立马有很多人哀叹和出汗。这样不行啊，因为数学旨在以一种简洁的方式来传达人类的思维框架。每当我必须为没有科学背景的观众撰写文章或演讲时，我经常听到类似的陈词滥调："尽可能少用公式，不要太抽象。"我明白，自然科学的语言是数学的语言，但由于很少有人掌握这门语言，所以它往往看起来复杂且令人生畏。尽管如此，根据我的经验，有一个相当简单的类比更容易被人接受，往下看。

如果我给你一张纸，上面有一串日本字符，然后问你这是日本税法中的一个条款，还是巴勃罗·聂鲁达作品中的一句诗，抑或儿童读物《海边的米菲》中的一句话，你会被难住。那怎么回答这个问题呢？日语难就难在其复杂的书写系统，而你又从未学过这门语言。但与此同时，你也明白数百万日本学童可以毫不费力地回答我的问题并为你翻译这些字符。就《海边的米菲》而言，简单的翻译就足够了，但如果它是聂鲁达的一句诗，那还差点儿意思。一个日本孩子可以为你翻译这些文字，但无法识别隐藏在字里行间的信息、所参考的文学艺术作品或描述的情感，因此无法挖掘出隐藏在诗中的潜在信息。

公式就像日语的那些文字，它们形态各异，既能表述浅显的知识又能说明深奥的论证和意想不到的见解（如爱因斯坦的引力公式）。不过，阿尔伯特·爱因斯坦的数学诗比他自己想象的还要丰富。

要想全方面理解爱因斯坦的公式，你必须学习（至少）5年的物理才能掌握数学知识。即便如此，就像那个日本孩子一样，我可以为你逐字逐句地翻译它，再添几句解释，但要得到埋藏在最深处的宝藏，我们需要公式大师的帮助，他们是公式密语师，换句话说，就是理论物理学家。

想象一下，我们面前是一个广袤的舞台，自然是舞台上的一出戏。爱因斯坦的伟大言论是，这一舞台——时空本身，不是静止的，而是动态的、可塑的，它可以变形。他说，我们不应该将舞台视为一组木板的集合，就像传统剧院中的那样，而应将其视为一个可拉伸的弹性表面，如蹦床，在演员或其他物体下方弯曲变形。最有趣的是，公式既描述了舞台上的演员（公式右侧，粒子和能量），也描述了舞台本身（公式左侧，他称之为时空）。等号意味着舞台和演员是相互关联的，他的公式可以准确预测当演员穿过舞台时，舞台是如何弯曲和变形的。这样一来，这场戏就有意思了：每当两个演员靠近时，变形的舞台就会将他们推向对方。这就是爱因斯坦发现并传递给世人的：为何两个粒子相互吸引。我们不再简单地说，根据牛顿定律，两个粒子相互吸引，然后就没了！粒子相互吸引是因为它们在弯曲的舞台上相互滑动。这个类比甚至足以解释引力的其他一些特性，例如，当两个演员站得足够近时，他们俩脚下会产生一个比两个人分开时更深的坑，甚至还可能使其他演员滑过来。用物理学的语言来说，重物体比轻物体拉力更大。

但爱因斯坦的思想中还隐藏着许多其他奇妙的东西（正如其公式所表达的）：

● 黑洞。足够大的演员群会在时空中形成一个深坑，以至于他们中的任何人都无法逃脱。这是一个深到即使以自然最高速度逃离也无法摆脱的坑，也就是所谓的黑洞。

● 引力波。如果两个演员互相绕圈旋转，那么变形的余波会扩散到整个蹦床。这些余波虽小，但在舞台上的任何地方都可以感受到。2015年年底，人类首次观测到由距离地球很远的两个黑洞或中子星彼此旋绕引起的微小引力波，用其中一位发现者的话说："我们物理学家获得了新灵感和新思路，真是妙不可言！"

● 时空。在蹦床被拉伸的地方，时间也会发生变化：它会更慢。如果要从公式中得出该结论需要做大量工作，但我们的确观察到时间可以被拉伸。卫星上的时钟比地球上的时钟走得慢一点。如果不牢记这一点，我们就无法使用 GPS 来确定自己在地球上的位置。

虽然宇宙学是着眼于舞台本身（时空）的科学分支，但我们粒子物理学家主要对演员（基本粒子）感兴趣。我觉得最迷人的是，探索最小粒子世界运行的规律（三种量子力）最终让我们对整个阶段有所了解。我们发现时空中充满了能量场，即希格斯场。没有那个场，演员就没有质量，宇宙就不会充满恒星和行星。那么，当我们在晴朗的夜晚仰望星空时，人人都热爱的那场美丽戏剧会变得乏味许多。

总之，我们现在相信，两个有质量的粒子相互吸引是因为空间是弯曲的，而正是粒子本身使它弯曲。引力比其他自然力弱得多，实际上只在大范围内起作用。在基本粒子的世界里，它的意义不大，本章不再赘述。

引力

属性：质量

粒子：无（根据某些新思路，或许是引力子）

行为：总是吸引，很弱

异能：黑洞

但是，如果引力在基本粒子世界中没有意义，那么我们在自然的基础上发现了什么力？它们究竟是如何运作的？

量子世界的三种基本力

探索微小粒子世界的规则引出了许多基本问题。我们能否弄清彼此靠近的两个带电粒子如何知道彼此的存在？我们能否准确地知道当它们接近彼此时会发生什么，以及是什么让它们彼此远离？我们可以计算出它们是如何运

行的吗？我们能否确定在粒子碰撞中如何产生新粒子？我们能否找到某些力
作用于远距离事物而其他力仅作用于近距离事物的原因？所有这些问题的答
案都是"可以"。我们现在知道，尽管存在巨大差异，但所有的力都具有相
同的结构。如果我先揭开这一巨大秘密——三种力背后的基本概念，我们就
能更好地了解每种力的特点。

我们发现，粒子通过交换所谓的力载体进行交流。这些力载体将粒子的
特性传达给外界，如电磁传递电荷的特性。弱相互作用力和强相互作用力传
达了两种（我估计你们不太熟悉）特性：弱同位旋和颜色。理解这些概念很
有帮助，因为这样我们能一口气看懂数百个实验的结果。

电磁学和适应量子力学定律

在20世纪初，除了引力，我们只知道另一种力：电磁力。那是另一个
成功的故事：我们再次突破了力的本质。在电磁相互作用中，粒子的行为不
取决于质量，而是取决于不同的属性：电荷。与引力一样，粒子之间的力随
着它们的距离越来越远而迅速减小，公式看起来非常相似：

$$电磁学：F = \alpha \frac{q_1 q_2}{r^2}$$

公式表明，力（F）是由粒子（q_1和q_2）的电荷、两者间距离（r）的二
次方和常数（α）决定的。除了力的强度，引力和电磁之间的主要区别在
于，虽然引力总有吸引力将事物拉在一起，但电磁既可以吸引，也可以排
斥——将事物推开。异种电荷互相吸引，同种电荷互相排斥。这个概念几乎
人人都知道，甚至成了生活中的常用语：异性相吸。跟引力一样，当粒子相
距两倍远时，电磁力变弱为原来的四分之一。

我一直在使用今天的术语"电磁学"，但其实在19世纪中叶之前，磁和电是两种不同的现象。直到英国物理学家詹姆斯·麦克斯韦在他著名的麦克斯韦方程中关注到这两者的各个方面，他才看到了这两种力的本质：同一枚硬币的两个面。到了20世纪初，著名的麦克斯韦方程和阿尔伯特·爱因斯坦的万有引力定律构成了如今众所周知的自然规律基础。当然，那是在20世纪20年代的量子革命颠覆一切之前。

当科学家深入探索微观世界时，他们发现经典的自然规律不一定适用。在宏观层面，电子可被视为带电的弹珠，但在微观层面，量子效应必须被考虑到。这样一来，将电子视为具有特定振幅的波（其属性并不明朗）则更有意义。很长一段时间里，没有人发现与相对论和量子力学完全一致的电磁学含义，但到了20世纪50年代后期，量子电动力学出现了。这一新理论背后的主要思想家之一是理查德·费曼，他是科学界最具魅力的人物之一。费曼、朱利安·施温格和朝永振一郎一起获得了1965年的诺贝尔物理学奖。如果你说话比较含蓄，你可能会觉得量子电动力学中涉及的确切公式和计算非常繁杂，或就像费曼对记者说的那样："见鬼，如果我能向普通人解释清楚，那就配不上诺贝尔奖了。"

关于量子电动力学的故事中有个有趣的情节，费曼找到了一种表示方程的图形方式：费曼图。非物理学家将费曼图视为两个粒子相互作用的示意图，但对于粒子物理学家来说，它是极其复杂的计算的妙方，仅其中一项计算可能就要花费好几个下雨的周日下午。幸运的是，图的本质很容易掌握，因此无须进行所有数学运算即可领悟这些概念。

在费曼图中，时间通常从左到右。粒子被绘制成直线，而力载体被绘制成波浪线。量子电动力学理论及其图表的另一个作用是清楚地表明，粒子和它的反粒子相互冲击会产生一个力载体。如果那个力载体（光子，γ）分解成不同的粒子：反粒子对，那么就创造了新物质。人们经常在科幻电影中听到物质和反物质相互湮灭，形成一个能量球，从中产生新粒子。这些电影中的所有内容并不都是真的，但这种情况的确是真的。

要了解费曼图的强大功能，请查看此例，它准确描述了这种类型的过程。μ 介子和反 μ 介子是在电子与其反粒子（正电子）相遇并湮灭后产生的。在粒子物理学中，我们将这个过程描述为 $e^+e^- \rightarrow \mu^+\mu^-$。

电子与正电子相遇并湮灭时，会暂时产生电磁力的（虚拟）载体，即光子，以波浪线表示。力载体随后会"分崩离析"，变成其他粒子。在这个特定的例子中，你会看到一个 μ 介子和一个反 μ 介子，但它们也可能是一个夸克和一个反夸克。只有在这种类型的湮灭过程中，光子才会像那样"分崩离析"，而且该理论预测它们总是会同时产生一个粒子及其反粒子。做出这样的预测并不稀奇，因为该理论是基于数以千计的实验，这些实验貌似一致表明，这就是自然创造新物质的方式。

简言之，我们已经成功地将熟悉的电磁力转化为量子力学的世界。带电粒子可以通过交换信使粒子（光子）来感知彼此并相互通信。通过这种信息交流，它们了解到彼此的存在，不仅了解它们是否应该相互吸引或排斥，还知道了如何相互吸引或排斥。另一个特别重要的事实是，在基本粒子的世界中，一个粒子与其反粒子可以相遇并湮灭。

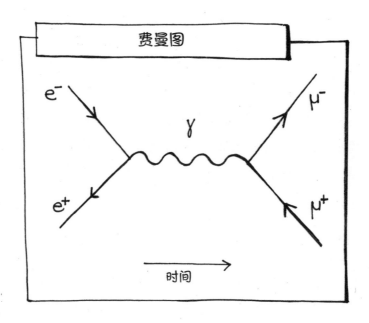

电磁力

属性：电荷

力载体：光子（无质量）

行为：随距离增加变弱，作用距离无限远

异能：粒子与其反粒子互相湮灭

最后一点：电磁力的载体（光子）本身没有质量，因此这种力可在远距离被感知。你可能认为这只是一个细节，但当我们研究弱相互作用力时，它的重要性会凸显出来。我们需要解释的是为什么这种力与电磁力不同，仅在短距离内有效。

弱相互作用力

　　粒子物理学家是幸运的：与人类社会互动的复杂规则相比，基本粒子世界的规则要简单得多。基本粒子只有三个基本特征，每个特征都与不同的力有关。我们刚刚了解了就电荷和相关电磁力而言它是如何工作的。另外的力是两种核力，我们不太熟悉，但它们仍然举足轻重。

　　1. 一个新属性：弱同位旋。警告：我们现在步入了物理领域中一块扑朔迷离的区域。如果对术语"弱同位旋"感到困惑，那就考虑其他一些恰好具有两个值且更容易描绘的属性，例如，可以打开或关闭的开关。我会继续称其为弱同位旋，只是因为这是我们物理学家对它的称呼。

　　尽管弱相互作用力使用了与电磁力大致相同的通信方式，但在力载体的交换方式上存在三大差异，这些差异赋予了弱相互作用力独特的性质。

　　正如先前所述，可能会有某个隐藏的属性来区分看起来相同的粒子。就像两个看起来一样但政治观点不同的求职者，他们是有区别的，但在面试中看不出来。我们也提到过，电子有一个隐藏的特性，即自旋。自旋有两种形式：向上旋转和向下旋转。这种以前无法检测到的差异使得两个电子可以共同占据第一条原子轨道。我们还发现了其他隐藏的特性，包括弱相互作用力的基本特性：弱同位旋。

　　你可能从未注意到这点，但在对基本粒子进行分类时，我们一直是区分的。例如，在第一族中，上夸克与下夸克配对，电子与电子中微子配对。这是非常合理的，尽管配对中的两个粒子看起来差异很大，但它们有一个共性：弱同位旋。该属性对于两个粒子来说具有相同的绝对值，但跟普通自旋一样，它可以是正的也可以是负的。如果粒子对中的其中一个粒子具有+1/2的弱同位旋，则另一个具有-1/2。随着深入研究该力的特定属性，每对中两个粒子之间的联系会更加清晰。

2. 弱相互作用力只在短距离内起作用：重信使粒子。理论物理学家在开发核内作用力模型的过程中，面临着一个困境。他们理论的第一个限制是核力必须比电磁力更强。毕竟，电磁力将原子核中的质子推开，因为它们都带正电且紧密挤在一起，因此核力必须用更强的力将它们维持在一起。第二个限制是核力必须比核外的电磁力要弱得多。如果不是，那么人体内的所有质子都会聚集成一个大原子核，但这没有发生。乍一看，这两个限制似乎自相矛盾，但问题最终通过一次令人瞠目结舌的简单调整得到了解决。

如果力载体有质量，那就可以解释为什么距离越远，粒子越难交换力载体。最好的类比大概是拴起来的看门狗。狗可以对你的生活产生很大影响，但前提是你跟它的距离要短于拴链的长度。要是你一直离得远远的，它就只会对你吠叫，不会真正影响到你。如果我们假设弱相互作用的三个力载体有质量，那就意味着力只有一个有限的范围，可以说粒子被"拴"起来了。这个问题（力载体的质量）会让标准模型陷入困境，并使彼得·希格斯走上追踪希格斯机制的道路。力载体如何获得质量？

3. 三个力载体，以及粒子在通信时如何变化。物理学家发现弱同位旋的性质比它的电磁等效物更复杂，后者涉及简单的正电荷或负电荷。相反，弱同位旋涉及三种不同的力载体：W^+、W^- 和 Z 玻色子。我们稍后会说回 Z 玻色子，因为它在希格斯玻色子的发现中发挥了关键作用。但正是 W 玻色子使弱相互作用力变得独一无二。到目前为止，我们只研究了本身无变化的粒子之间的通信情况，它们只是交换信息。除了粒子与其反粒子碰撞的特殊情况外，目前我们看到的只是粒子在吸引力和排斥力的影响下改变方向和速度。但电子永远是电子，上夸克永远是上夸克。

当我们研究弱相互作用力时，就不是这么一回事了，整个领域变得更加复杂。当两个同位旋弱的粒子交换 W 玻色子时，粒子本身会发生变化，因为力载体与它共同承担了弱同位旋的一部分。我们可以将其比作一个既有富人也有穷人的世界，人们通过互扔钱包来显示自己的有钱程度，而钱包里的钱代表同位旋的数量。当一个富人把他整个钱包扔给一个穷人时，在扔的那一刻，他很富有。但交换后，情况就逆转了：富人变穷，穷人变富。W 玻色子与钱包的作用相同，但它转移的是弱同位旋，不是钱。于是，相关粒子的性质发生了改变：电子变成中微子，或上夸克变成下夸克，不过可能性并不多。在我们想象的世界里，所有人不是富人就是穷人。同样，每对粒子只有两种可能性：电子与中微子相互转化，上夸克与下夸克相互转化。

弱相互作用力几乎不会出现在粒子物理实验之外，这有几点原因。W 玻色子非常重且寿命很短，粒子必须距离相当近才能感受到它们的影响。不过弱相互作用力的发现帮我们理解了许多过程，真正地理解它们，尤其是中子衰变，这是放射性和原子核稳定性的重要组成部分。我们早就知道，中子在大约900秒后衰变，产生一个质子、一个电子和一个电子中微子或反电子中微子，但是标准模型和弱相互作用力为我们提供了一种看待该过程的新方式。

　　在这一模型中，中子由一个上夸克和两个下夸克组成。如果两个下夸克中的其中一个变成上夸克（这是可能的，只要它发射W玻色子），那么结果会是一个由两个上夸克和一个下夸克组成的粒子，这就是我们识别为质子的粒子。在这个过程中发射的W玻色子必须衰变成一对单独的粒子，由于它本身没有太多能量，唯一的可能性就是衰变成一个电子和一个反中微子。因此，我们现在不仅对中子衰变的原因有了更基本的了解，而且还可以计算其发生频率，又一个谜团解开了。

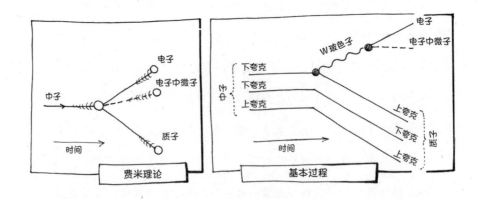

　　综上所述，弱相互作用力在具有弱同位旋性质的粒子之间发挥作用，力的范围大大受到力载体质量的限制。若没有至少一个独特而神秘的特性，任何量子力都是不完整的。从这一点看，它是粒子在通信时的转换。

弱相互作用力

属性：弱同位旋

力载体：W^+、W^-和Z玻色子

行为：强于电磁，作用距离短

异能：将粒子从一种类型转换为另一种类型

强相互作用力

强相互作用力只在夸克间起作用，因为夸克是唯一具有令其敏感特性的粒子：颜色。"颜色"这个术语令人困惑，因为我们在日常生活中会以各种方式说到。这种被称为颜色的量子特性有三个不同的值：蓝色、绿色和红色。其实我们可以简单地将这些值称为A、B和C，或X、Y和Z，但我们碰巧已经确定了三种颜色。虽然这种力的动力学不易描述，但它们很像在两个物体之间拉伸的橡皮筋。当物体彼此靠近时，它们可以自由移动，不过物体相距越远，将其维持在一块儿的力就越强。胶子是强相互作用力的载体，它将三个夸克固定成一个质子，它还将包含两个夸克的较轻介子结合在一起。既然这个特性被称为颜色，你就明白为什么物理学家将强相互作用力理论称为量子色动力学了吧。

虽然随着夸克间的距离变远，力会增加，但胶子也有可能撕裂，就像橡皮筋被过度拉伸会断裂一样。更准确地说，一个胶子可以分裂成两个胶子或一个夸克和一个反夸克，而反过来也是可能的：夸克与反夸克碰撞可以形成胶子。

强相互作用力

属性：颜色（蓝色、绿色、红色），仅适用于夸克

力载体：胶子，无质量

行为：随着距离增加而变强，就像橡皮筋一样

异能：一个胶子可以分裂成两个夸克或两个胶子

如果你深入研究这些预测并尝试自己进行计算，很快就会发现强相互作用力的数学很难掌握。尽管该力的数学结构与其他两种力的数学结构相似，但许多计算遇到了难以逾越的数学壁垒，目前仍旧无解。有些人试图通过开发新的数学技术或从不同的角度解决问题来打破壁垒，也凿出了些许凹痕，但目前还没有找到突破的方法。

标准模型公式与自然旋律

既然已经看到了力的完整阵容，下一步就是将所有规则组合成一个整洁、有序的模型，这样我们就可以准确预测任何两个基本粒子相遇时会发生什么。该模型就是下页图中的大型综合公式。对于未受过训练的人来说，它看起来叹为观止、令人生畏，对于受过训练的人来说也是如此！早些时候，我们觉得公式就像日本诗歌，你必须学习如何阅读它才能掌握节奏并发现其中隐藏的含义。为了让这个说法没那么抽象，我想将其比作乐谱。

音乐，人人都可以享受，但音乐是以乐谱这种特别的语言翻译到纸上的。许多音乐家在看谱时就能在脑海中听到音乐。有趣的是，没有人抱怨乐谱太抽象，对于像我这种不懂音乐的人来说，它看起来和中文差不多。我看

到的是一片由黑点和黑线组成的茂密森林，完全不知道它在表达什么。即使
事关身家性命，我也无法分辨鲍勃·迪伦作品的乐谱和《筷子华尔兹》之间
的区别，也永远认不出隐藏在乐谱中的错误音符，而音乐家一眼就能看出。
对于未经训练的读者来说，旋律仍然是隐蔽的。

　　同样的例子也适用于表达物理问题的数学公式。科学家习惯了"看公
式"，并发现美妙之处。如果不小心用错了希腊字母，或把加号跟减号混淆，
他们能立即发现。正如《筷子华尔兹》和拉赫玛尼诺夫奏鸣曲之间存在差异
一样，物理学中有许多不同层次的抽象性和复杂性。基本粒子运动的公式比
计算操场上秋千运动的公式要复杂得多，这理所当然。但是，这两种计算都
基于类似的方法：首先仔细查看哪些属性是重要的，然后尝试捕捉在数学表
达式中看到的现象，之后再寻找底层结构。

　　完善电磁学理论使其应用于基本粒子世界是一项无与伦比的成就，费曼
与其合作者因此荣获诺贝尔奖。除了描述单个粒子如何进行空间移动的公式
外，他们还需要提出力载体的概念。力载体以十分特定的方式连接自由移动

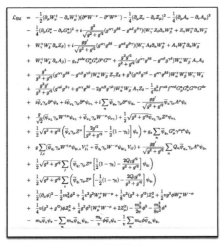

标准模型公式

乐谱

的粒子，使它们能够相互交流。更棘手的是，力载体还必须满足严格的条件，以便它们与我们在实验中观察到的粒子相似。这是一个复杂的谜题，但最终一切都完美地融合在一起，可谓一场理论物理学的胜利。

　　一位科学家在对公式进行更详细的检查后发现，如果一个带电粒子在真空中飞驰而过，并施加一些额外要求，最终你会得到完全相同的公式。在这种特殊情况下，即使你可以根据特定方法在空间和时间的每个节点自由改变粒子的波函数，粒子也会以完全相同的方式继续移动。这是不寻常的，因为研究（描述单个粒子运动的）自然定律的物理学家很容易看出，你如果做出某些改变，最终是不会得到相同的运动方程的。但关键是，尽管有额外的自由，如果你的确希望运动保持不变，那么原本理论中就有漏洞。不过这是有代价的，并且附加了一些严格条件。

　　为了让一切成立，你必须在理论中添加另一个粒子，所以，除了在空间中运动的粒子之外，自然界中还必须存在另一个粒子。不仅如此，这种额外的粒子还需要具备许多特定的属性，并且能够与原始粒子通信。不可思议的是，你发明的额外粒子要具备与已知粒子（光子，量子电动力学的力载体）相同的特性。它其实是光子，在方方面面。但奇怪的是，该力载体，也就是光子，以及它与其他粒子相互作用的方式不一定是"发明"的，而是从一个看似异常的数学条件中"自动"产生的，这一数学条件与单个粒子穿梭于真空相关。

　　我们称这个额外要求为对称条件，因为即使做了特定修改，情况仍然保持不变。这个被引入的新粒子保证其他一切如常，它是人类目前已经掌握的一种类型，我们称之为力载体，也就是规范玻色子。术语"规范"指的是我们假设的对称类型：局域规范不变性。在写下这个词时，我已经跟你们分享了粒子物理学中最复杂的术语之一！当然，这并不意味着我们现在了解了力的起源和存在。这种对称性存在背后的逻辑是什么？

当我们发现弱相互作用力，还有以复杂方式相互作用的三个力载体，也可以简化为相似类型的对称要求时，事情才真正变得令人兴奋：一种更复杂的对称形式，需要的不只是一个力载体来保持一切对称，而是要3个：W⁺、W⁻和Z玻色子。那强相互作用力呢？是的，事实证明它也是从对称条件中"出现"的，它需要8个力载体：胶子。

因此，在量子层面上，整个复杂的物理学框架可以简化为三个不同的对称性要求。就乐谱而言，这些对称性是自然的潜在旋律。用理论物理学家的话来说就是：

$$自然旋律：U(1)_Y \otimes SU(2)_L \otimes SU(3)_C$$

有了这一旋律，我们可以将描述所有粒子及其通信的那些异常冗杂的公式简化为以下高度浓缩的形式，而它仍然描述了所有粒子和力载体的行为和相互作用：

$$L^{SM} = -\frac{1}{4} F_{\mu\nu} F^{\mu\nu} + i\overline{\Psi} \gamma^\mu D_\mu \Psi$$

这个基于数学对称性的公式构成了标准模型的基础。$-\frac{1}{4} F_{\mu\nu} F^{\mu\nu}$ 描述了力载体，$i\overline{\Psi} \gamma^\mu D_\mu \Psi$ 描述了粒子及其相互作用。整个方程描述了哪些属性决定了粒子是否检测到彼此的存在，如果是，它们如何作出反应。我们已经了解它是如何运作的：三种属性和三种对应力，每个都有自己的特殊属性。即使计算更加精确，结果仍然与该理论的预测一致。但标准模型的结构虽然优美，看起来也稳固，但仍然存在问题，一个严重的问题：这种形式的标准模型无法解释为什么粒子有质量。

这一问题如此严重是因为粒子确实有质量，这是我们无法否认的事实。除此之外，弱相互作用力载体的质量在将其作用距离限制得极短方面起着至关重要的作用。现实与理论不符，这令人非常沮丧！这么看来，你必须做出选择：要么是对称性，要么是力载体和其他粒子的质量。

最终，有三个人将这两个世界结合了起来：彼得·希格斯、弗朗索瓦·恩格勒特和罗伯特·布劳特。在比利时，他们的解决方案被称为布劳特–恩格勒特–希格斯机制。在世界其他地方，它被称为希格斯机制。这是一个敏感问题，因为尽管这三位物理学家中的每一位都为形成标准模型基石的机制发展作出了贡献，但彼得·希格斯的名字一直与机制和相应的粒子联系在了一起。

这给我们带来了最能抓住希格斯机制本质的类比：就好像时空充满了粒子粘附的某种物质（希格斯场）。一些粒子非常牢固地卡在该场中，因此它们在空间中移动缓慢，而且很重。但其他粒子几乎没有注意到这个场的存在，并且几乎毫不费力地穿过空间，那些就是轻子。希格斯场必须存在于整个空间，宇宙的任何地方，甚至在虚无的空间（真空）中。希格斯场之于基本粒子，就像水之于海里的鱼——有些鱼可以比其他鱼更快地穿过水。尽管这回答了为什么粒子具有质量的问题，但它仍然没有告诉我们为什么粒子具有特定的质量，这一点我们稍后讨论。

希格斯场概念的巨大优势在于它解释了为什么力载体和其他粒子都有质量，但它确实也使描述所有粒子运动的公式稍显复杂。我们最终得到的是标准模型的著名公式，你也可以在欧洲核子研究中心的礼品店出售的咖啡杯和T恤上看到：

$$L^{SM}=-\frac{1}{4}F_{\mu\nu}F^{\mu\nu}+i\overline{\Psi}\gamma^{\mu}D_{\mu}\Psi+\Psi_i\lambda_{ij}\Psi_j\phi+(D_{\mu}\phi)^2+V(\phi)$$

尽管公式看起来很复杂，但希格斯及其同事添加的三个额外项却相当简洁。跟之前一样，前两个术语指的是力载体和粒子及其相互作用。$\Psi_i\lambda_{ij}\Psi_j\phi$表示粒子的质量*，$(D_{\mu}\phi)^2$表示力载体的质量*，最后的$V(\phi)$描述希格斯场和粒子。这个公式包含了我们需要的一切，在第一次预测的40年后，我们仍然没有找到更简单的方法来解释粒子有质量这一事实，但希格斯用来完成这一壮举的技巧并非没有代价。希格斯预测，如果他的想法是真的，那么肯定存在另一个粒子，也必须存在另一个粒子。

要得到这个公式的大部分结果，你需要进行大量复杂的数学运算。所以你必须在某些方面相信我，或者，如果你意愿强烈，可以花上数月自己计算。如果你观察仔细，会发现我在描述粒子（包括力载体）的质量使用了星号（*）。这两个术语告诉我们，如果粒子有质量，它们也有可能湮灭并形成希格斯玻色子，这两个属性是密不可分的。实验物理学家对此很是着迷，因为它表明人们可以在实验室中制造自己的希格斯玻色子，方法就是使用粒子加速器相互发射合适的粒子，它们碰撞就会产生一个希格斯玻色子。

这个隐藏在真空中的粒子，要找到它需要付出巨大的努力才能走上正轨。光是各项准备工作就需要40多年的时间：加速器要使粒子有足够的能量碰撞以产生重粒子；检测设备要精确到可以准确无误地从粒子碰撞的残余物中过滤出希格斯玻色子的存在证据。我们会详细研究这些要点，同时还会深入了解这一发现背后的人员和组织，尤其是日内瓦的欧洲粒子物理实验室：一个了不起的实验室，那里有很多了不起的人，他们通力合作，将创造人类自己的希格斯玻色子的梦想变成了现实。

第五章
发现希格斯玻色子

摆在我们面前的任务很明确：发现一个隐藏在真空中的粒子，或者至少是一个可能隐藏在真空中的粒子。标准模型的游戏规则和彼得·希格斯发现的线索告诉我们，如果这种希格斯粒子真的存在，我们应该能够通过高能粒子碰撞制造它。世界上有很多的"如果""和"以及"但是"，可是"理论上"可以做的一些事永远不能保证你能在实践中做到。毕竟，理论上，我们知道如何在大西洋下挖隧道；理论上，我们可以用乐高积木制作中国长城的全尺寸复制品；从理论上讲，世界和平也存在真正的可能性。但在实践中，障碍往往太多。为了寻找希格斯玻色子，我们需要做三件事：（1）制造一个功能强大到足以产生希格斯玻色子的粒子加速器；（2）制造一个可以在碰撞中探测到希格斯玻色子的装置；（3）让来自全球数千名物理学家进行长达15年的密集合作——这可能是最困难的部分。我们任务的每一个方面都涉及不同的步骤，每一个步骤看起来都是一个不可逾越的障碍。但出于某些原因，科学家往往有着无可救药的乐观，对于他们来说，理论上可以总是意味着我们真的可以！

我们需要迈的步子非常大。例如，为了产生足够的希格斯玻色子，我们需要一个几乎是前一个模型（位于芝加哥附近费米实验室的粒子物理和加速器实验室中的超高能正负质子对撞机）10倍强大的粒子加速器。由于我们还需要了解在所有这些碰撞中发生了什么，我们必须想出新的实验技术：与项目相关的一切都必须比以往任何时候更大、更快、更稳健、更准确且数据更加密集。在项目开始时，我们需要的探测器只存在于科学家的梦中，而且大多存在于他们的噩梦中。

当大多数人摇摇头，继续沿着老路前进的时候，有一小群人敢于把目光投向地平线之外。他们是那种有时会尝试全新路线的人，他们的噩梦有时会变成美梦照进现实。在实践中，他们的项目往往是彻底失败的，但时不时会有一个辉煌的突破，使理论与实践接轨，并推动科学向前迈出一大步。正是这些科学家（和一些政客）固执、自信又豁达，甚至有时幼稚的态度，让这些项目得以顺利开展，而像这样的项目从最初的概念到目前的进展需要15~20年的时间。这次冒险的圆满成功是个小小的奇迹，每个人都有这种感觉，即使是那些多年来一直在坚持的人。

现在回到我们的故事上来。虽然技术是这类科学探索的基础需求，但它并不是全部。我们还必须有一个研究中心，具备粒子加速器、探测器以及其他基础设施；一个可供开会和讨论的地方，为数千名物理学家、技术人员和支持人员提供永久的住所和工作场所。整个流程中最棘手的部分可能是社会学相关的问题。毕竟，为了使这一切顺利进行，来自世界各地100多所大学的数千名物理学家和技术人员必须通力合作。这些科学家通常在大学里相对独立地工作，把大部分精力放在自己的事业上，完全聚焦于自己的研究。他们会如何进行工作分配，确保自己好的想法得到关注，并尽量避免国家和党派利益之争？简言之，他们会如何把这一切结合在一起？更现实点说，我们如何资助和监督一个需要比普通科学和政治项目更长期、更大规模融资和规划的项目？

　　回过头来看，这不仅在理论上是可能的，我们真的做到了！我们找到了一个国际研究中心，那里有实验所需的设施和基础设施：位于日内瓦的欧洲粒子物理实验室，即欧洲核子研究中心。我们成功地突破了技术的高峰，并建立了两个主要的实验合作，成功地将工业技术转化为巨大的探测器：紧凑型 μ 介子螺线管探测器实验（CMS）和超环面探测器实验（ATLAS）。合作过程中的每一项都有2000多名科学家参与，他们共同工作了15年以上，现在这两个实验正在进行一场（友好的）竞争，看看谁能首先探索新世界。尽管存在这种竞争，两组科学家都在欧洲核子研究中心的同一栋楼工作，即著名的40号楼。他们共用会议室、自助餐厅、健身房，有时甚至还有床——那里有很多CMS–ATLAS夫妇。因此，这是一种健康、友好的竞争，它激发了科学家的活力，并激励他们达到新的高度，就像顶级运动员之间的竞争一样。没有人想获得第二名，尤其当获得第一名的奖励是垂青千古时。这一社会学、技术学和科学的奇迹之所以成为可能，只是因为一大群人有一个共同的梦想，而要想实现这个梦想，我们必须共同努力。幸运的是，梦想真的实现了！2012年7月4日，ATLAS和CMS实验共同宣布，他们在大型强子对撞机（LHC）的碰撞中发现了希格斯粒子存在的证据。之前的怀疑是对的：真空不是空的，而是充满了希格斯场。我们发现了宇宙中每个粒子的质量来源。

　　我最想告诉你们的是，我们如何从粒子加速器的碰撞中得出希格斯玻色子真的被创造出来了的结论。但是，因为这次冒险的成功取决于几个重要元素，所以快速地依次查看每个重要元素并了解更多使它们如此重要的原因是很有帮助的。让我们先参观一下日内瓦的欧洲粒子物理实验室，即欧洲核子研究中心，看看粒子加速器，以及最终帮助我们能够分析碰撞的设备。

欧洲粒子物理实验室：欧洲核子研究中心

50多年来，欧洲核子研究中心一直是粒子物理学家聚会、研究和拓展知识领域的地方。该研究组织位于日内瓦市和朱拉山脉最后一个山麓之间的热克斯地区，占地数平方千米，它是一个拥有近乎神话般地位的地方。在那里，粒子物理学中最聪明的一群人——理论家和实验者——聚集在一起，成就了各种各样的发现，你会经常在那里的自助餐厅遇到诺贝尔奖得主（无论是现在的还是将来的）。当然，它也只是一个和其他许多园区一样的科技园，是一个开展研究的地方，一个每年有数百名年轻学生接受教育的地方，也是粒子物理学家团体举行众多会议的地方。作为一个研究所，在欧洲核子研究中心不仅仅可以进行研究，那里除了是粒子物理学的圣地，还体现了一种理想的合作形式：来自不同国家和文化的人们在一种（几乎）没有政治色彩的气氛中聚首，在这种气氛中，他们可以一起讨论和扩展知识。他们秉持着一贯的合作模式，尽管存在许多分歧，却能求同存异地开展工作。为什么能实现？因为他们心怀同一个梦想，拥有包容任何想法的自由和灵活性。这是一个"普通"的科技园，但它已经登上粒子物理学家心中的神坛，毋庸置疑。相反，这也是欧洲核子研究中心的优势之一。

欧洲核子研究中心是一个由其个别成员方资助的国际组织，它的任务不仅是提供研究设施，并在协调世界各地的粒子物理研究方面发挥重要作用，而且还为新想法提供了一个可以找到听众并接受检验的地方。在我们的故事里，欧洲核子研究中心负责大型强子对撞机的设计、制造和运行，这是一种能产生高能对撞并获得希格斯玻色子的粒子加速器。在这里，高校和研究所有机会设计设备并用它来研究碰撞。欧洲核子研究中心雇用的科学家总共约有3000人，他们主要承担技术性和辅助性的工作，在任何时刻，成千上万来自世界各地的其他科学家都在该地点的几平方千米内活动。物理学家和技术人员不停地进进出出，为工作或会议来访，有的会住上几天，有的则待上一年。换句话说，这是一个缩影般的小世界：一个非凡的社会学实验，一个极具启发性和挑战性的环境。

对于粒子物理学家来说，欧洲核子研究中心只是一个工作场所，除了实验设施外，它还有技术部门和著名的计算中心——万维网的发明地，两个招待所、自助餐厅、咖啡角和一家银行。那里到处都是建筑，建筑物的编号体系甚至连诺贝尔奖得主都会感到困惑，但在欧洲核子研究中心逗留期间，你会逐渐了解它，摸清它的套路。例如，我在13号楼、16号楼和27号楼都有办公室，而我目前在40号楼。这是一个充满活力的环境，特别是对一个年轻的研究人员来说，因为你所处的地方将世界上所有的知名人士、最专业的知识聚集在这几平方千米内。这是一种令人难以置信的奢侈感，我们总是试图让那些即将在研究中心待上一段时间的博士生对此留下深刻印象：吸收所有的专业知识，并作出自己的贡献。除了科学，这里还聚集了来自世界各地的数百名年轻人，他们精力充沛。在这里，他们可以彼此分享一顿饭，一起外出旅游，或周末开车穿过勃朗峰隧道去意大利看AC米兰比赛。当然，并不常常如此，因为在欧洲核子研究中心，周末和普通工作日没什么区别，在繁忙时期，甚至不分昼夜。这不仅仅是因为欧洲核子研究中心的科学家一直在工作，还因为你在和世界各地的高校和研究所的人在跨时区合作。

就我自己的经历来说，我第一次到欧洲核子研究中心访学时，就迅速被这里深深吸引。因为被在书籍和期刊上学习的相对论、量子力学和数学的魔力吸引，我选择在乌得勒支学习物理学，但是第一年的课程之后是一系列相当枯燥的科目，直到我学习的最后一年，物理学才再次让我着迷。粒子物理学是我的一门选修课，这里不仅有一位很棒的老师——阿德里安·布伊斯，而且汇集了我所有的兴趣。在和朋友们快速参观了了不起的欧洲核子研究中心之后，我走上了许多前辈走过的道路，逐渐迷上了粒子物理学。我写了一篇关于欧洲核子研究中心研究项目的硕士论文，申请了欧洲核子研究中心暑期学生的名额，并被选中。这是一次改变生活的经历，一下子把我的视野从乌得勒支和荷兰扩展到了全世界。欧洲核子研究中心的暑期学习计划会从每个成员国挑选几个学生，在日内瓦待上3个月，学习该领域大师教授的课程，甚至参加一个真正的研究小组的工作。

突然间，我与一位开朗的挪威领导和一位意大利技术人员一起工作，上课和吃午饭时，我坐在来自希腊、芬兰、德国和葡萄牙的学生旁边。他们和我一样，对物理学的这一个小分支非常痴迷，以至于我们的文化和语言差异仿佛都不存在了。不仅如此，他们还是一群能下班后和你一起喝啤酒的人。所有这些都使得欧洲核子研究中心不仅仅是一个粒子物理研究所，还是一个能让来自许多国家的科学家聚会和分享想法的地方。对我而言，欧洲核子研究中心体现了当世界团结起来为一个共同的梦想而努力时，我们拥有的无限可能。它不仅散发着对物理学的热情，而且透露出一种人类大团结的氛围。当然，即使在象牙塔里，我们也有自己的困难，但我们站在一起，与外面的世界分享其中的失望和胜利，我永远为能成为其中一员而自豪。

像欧洲核子研究中心这样的联合研究平台之所以如此有价值，不仅仅是因为它可以获得比一般国家机构多得多的资金，还因为它是一个全欧洲的联合研究社区和研究战略。

我们不断使粒子加速器变得越来越强大，不仅仅是为了使探测工具"子弹"变得越来越小，以便能探索越来越小的结构。除此之外，我们还可以将粒子碰撞的动能（也就是它们运动的能量）转化成新的物质：新的粒子。如果你不断增加碰撞的能量，就会达到足以制造出所有熟悉的粒子的能量值，包括著名的希格斯玻色子。这就是为什么欧洲核子研究中心的主要工作是设计一种新的粒子加速器，这种加速器能引起大量的碰撞，产生足够的能量来制造希格斯玻色子。当然，如果它真的存在的话。

加速器由两个细管组成，位于一条27千米长的隧道中，质子被加速到6.5兆电子伏特的能量，然后互相发射。在碰撞过程中，总能量为13兆电子伏特。尽管这些质子的能量与人类的标准相比微不足道，大致相当于一只飞行的蚊子的能量，但对于一个基本粒子来说是巨大的。这是我们今天能赋予地球上一个基本粒子的最高能量，随着大量质子在大型强子对撞机中呼啸而过，机器中储存的总能量相当于一列高速行驶的列车。装有加速器的隧道直径只有几米长，看起来有点儿像地铁隧道，位于地下大约100米处，在稳定的地质构造中得到很好的保护。地下是这种机器的理想存放地：那里的温度是恒定的，任何辐射都不会给人带来危险，并且壮观的实验景象也不会受到影响。事实上，这条隧道并不是为大型强子对撞机建造的，而是自20世纪80年代以来就一直存在，当时是为了容纳大型电子–正电子对撞机（LEP）。现在，我不是在说旧LEP的坏话，不仅因为它是一台神奇的机器，教会我们各种各样的知识，也因为我的博士研究是基于LEP收集的数据。但是为了达到高能，我们不需要以较低的能量发射较轻的电子和反电子的机器，而是需要一种可以相互发射质子的新机器：大型强子对撞机。

虽然在过去的40年里，不同类型的粒子被用于相互碰撞，但是加速它们的技术几乎是相同的。真空管中的粒子受到电磁场的推动，然后被磁铁引导绕圈，再受到另一个电磁场的推动。每经过一个电路，粒子的能量都会增加，我们必须调整磁铁的功率，以确保现在能量更高的粒子不会飞离弯曲的路径。这是一个相当微妙的过程，但欧洲核子研究中心的对撞机操作员已经操作得相当熟练了。在大型强子对撞机中被加速的粒子是质子，需要大约20分钟才能将它们提升到最大能量，然后相互碰撞。

但为什么是质子，以及为什么最大碰撞能量是13兆电子伏特？和大型强子对撞机的前身大型电子–正电子对撞机一样，它能使电子和正电子发生碰撞，这种实验技术有一种极大的优势：碰撞产生的粒子数量相对较少。这使得实验结果可以很容易从底层过程的角度来解释。你可能会想："那为什么要改变一个本来已经运行良好的体系呢？"这种情况确实很复杂，因为电子和正电子很轻，它们在加速器周围的每个电路中会损失大量的能量作为辐射。这是由不可打破的自然法则决定的。由于几千亿个电子每秒产生一万多个电路，大型电子–正电子对撞机需要超过20兆瓦的功率来保持粒子束的恒定能量。当我们追求更高的能量水平时，这巨大的能量就不得不以指数级倍数增长。换句话说，实际上这是不可能的。

通过将更重的质子碰撞在一起，我们可以完全避免因辐射而损失能量的问题。相反，在追求可能的最大能量碰撞时，我们遇到了一个新的障碍：磁铁的最大强度需要引导质子环绕，并确保它完成整个循环。由于大型强子对撞机中有着比芝加哥加速器更大的隧道和更强大的磁铁，其强度是之前最强大的粒子加速器的近10倍，而结果证明这个强度已经足够了。

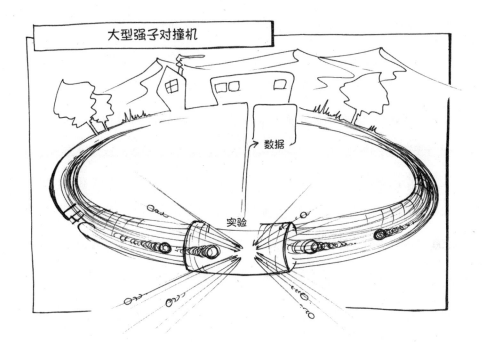

在大型强子对撞机中，质子不是独立地旋转，而是成束或成云存在。有几千个这样的云，每一个由大约1000亿个质子组成。大型强子对撞机不是一台独立的机器，而是粒子加速器大网络的一部分。这和骑自行车很像：你从低速挡开始，当你无法骑得更快时，你就会换到更高的挡位，最后在最高挡位达到最高速度。同样地，当我们在欧洲核子研究中心加速粒子时，最终在大型强子对撞机中碰撞的质子会先在一系列较小的加速器中被加速到更高的能量。这些加速器中的每一个过去都是欧洲核子研究中心的"尖子生"，很高兴看到旧的基础设施仍在正常使用。在目前的研究中，我们仍然每天站在20世纪50年代、60年代、70年代、80年代和90年代巨人的肩膀上。当质子第一次被发射到大型强子对撞机的通道中时，我们屏住呼吸，等着看我们是否真的能让它们围绕机器转一圈。我们很快就成功了，控制室和世界各地实验室里的所有人都欢欣鼓舞。机器运转了！那就进行下一步：聚焦光束，引导它们穿过设想中的针眼，这样它们就会发生碰撞。

　　质子碰撞不会产生像电子与反电子碰撞这样完美、直接的图像。这样看来，即使质子碰撞能获得更高的能量，但也有缺点。由于质子由夸克和胶子组成，因此它们的碰撞导致探测器中出现了大量的粒子，这使得我们很难分辨到底发生了什么。这就是为什么许多人把质子–质子碰撞比作把两个垃圾袋或两个闹钟砸在一起——全混在一起了！从基本过程和自然常数的角度正确解释由此产生的混乱过程，是非常复杂的。事实上，几乎所有第一次看到这种碰撞图像的人都认为这是不可能完成的任务。但同时，这对物理学家来说也是一个令人兴奋的挑战。毕竟还是有可能的，从理论上讲！

　　尽管许多可视化图像显示，大型强子对撞机并没有形成一个完美的圆圈。但机器在大多数时候确实会形成一个整齐的圆圈，而那部分也充满了巨大的磁铁，从而将粒子引导回发生加速的部分。但也有一些直线部分。在其中一种情况下，粒子被加速，而在另一种情况下，光束可以交叉，从而使质子发生碰撞。为了使后一种情况发生的可能性更大，我们在光束到达碰撞点之前便对其进行聚焦，就像用放大镜将一束阳光聚焦在一个点上一样。由于我们有效地将两束光的每一束都穿过针眼，质子几乎肯定会发生碰撞。这些是新粒子产生的地点，没有人会对我们在这些地点为探测器挖了很大的地下室而惊讶，这可以很好地观察碰撞后产生的碎片。大型强子对撞机的规格在设计时一定像是纯科幻小说，涉及的数字至今仍会让你震惊。

磁体

强度达到8特斯拉时，大型强子对撞机的磁场是非常惊人的。这对你来说可能意义不大，但却是一个难以置信的强磁场，尤其是对大型强子对撞机15米长的偶极磁铁而言。当电流通过线圈时，线圈的中间会产生磁场。这个基本原理相当简单：电流越强，磁场越强。但是，要产生一个对大型强子对撞机而言足够强的磁场，要做的不仅仅是在束流管周围绕一根长铜线，并通过它输送电流。产生我们需要的磁场所需的电流量会释放出大量的热量，以至于导线会立即熔化，所以那是不可能的。也就是说，除非你用一种特殊的材料制成电线，然后把它浸在液氦中进行超导。这可以防止电流通过线圈时的能量损失（换句话说，线圈不会发热），并输送一个非常大的电流，从而用来产生强大的磁场。世界上的每个实验室几乎都是这么做的，但要在1200个15米长的大型强子对撞机磁铁上这么做，我们需要确保欧洲核子研究中心有相当一部分的氦供应。当然，我们的确这样做了，大型强子对撞机现在获得了"世界最大冰箱"的称号。

如果其中一个磁铁发生意外短路，那么不仅要迅速转移电流（防止磁铁熔化），环中的其他磁铁还要临时产生稍强一点的磁场，这样质子才能按计划完成电路。正是这一标准程序在第一次短暂的成功碰撞后出现了可怕的错误。由于其中一块磁铁没有及时改变供电线路，因此液氦受热气化，再加上出于设计缺陷，氦无法逃逸，于是它开始"寻找出路"。这一过程释放出的作用力是惊人的，经过几百米的拉伸，磁铁被完全拧松了，尽管它们已经被牢牢固定在坚硬的岩石上。简直可怕！但幸运的是，原因很快就明朗了。尽管所有的安全措施到位，这些事情可能会在同类机器上的参数都调整至极限时发生。大型强子对撞机和那些数以百万计从生产线上下来的汽车或电视机是完全不同的。

幸运的是，我们设法加热了磁铁，打开了机器，并相当迅速地修复了它，但还有另一个挑战在等着我们。修理后，磁铁必须再次冷却，这不像在厨房冰箱里冷冻一瓶水只需要几个小时，将大型强子对撞机的整个磁铁部分冷冻到绝对零度以上则需要几个月的时间。我们最终决定分阶段修理线圈。因此，在头两年，我们只能使用一半功率的磁铁。这使碰撞能量减半，但也使我们能够长期安全稳定地收集碰撞数据。正是这些碰撞，减少了7~8兆电子伏特的碰撞能量，为我们提供了希格斯玻色子存在的证据。所以事后看来，我们做了一个很棒的选择。

粒子束

一个质子以最高速度绕大型强子对撞机飞行，其能量与飞行的蚊子相同。这听起来可能没什么概念，直到你意识到，质子并不是孤立地围绕大型强子对撞机运动，而是成千上万的质子云，每个云大约由1000亿个质子组成。尽管单个质子的能量可能不多，但所有这些质子的能量加在一起相当于一列全速行驶的列车。那列"火车"每秒要绕10 000圈，且必须小心地驶过隧道。只要犯一个小错误，光束就会失去控制，直接射穿你的实验，造成无法弥补的损伤。因此，质子束在机器周围的路径被非常精确地跟踪，经过50年粒子加速器的实验经验，我们可以依靠欧洲核子研究中心的大型强子对撞机束流操作员来完成这项专业的工作。

为了理解这种跟踪的精确性，操作员需要考虑对隧道在自然年内自然发生的微小变化进行修正。这些变化包括：由地壳潮汐效应（如海洋潮汐，但在地球本身内部）引起的隧道长度每月的变化，这使得隧道略微膨胀或收缩。这些差别仅仅是1毫米的几分之一，但当光束围绕隧道转的时候，差别是非常明显的。另一个变化与日内瓦深湖的水位有关。由于水的重量扭曲了周围的地壳，同样也使隧道发生了些许扭曲。这两个微小的差异都可以被大型强子对撞机的束流操作员毫不费力地检测和修正。

当质子束围绕线圈运动时，它的大小与幻灯片演示时使用的激光笔所形成的光点差不多。我们有时会让人们拿一枚两欧元的硬币，看看有欧洲地图的一面，如果你能找到西班牙，那大概是隧道中充满能量的光束的大小。但是，当光束接近碰撞点时，它会被高度压缩，以至于在被称为"针眼"的相遇处的宽度比人的头发丝还细小。很难非常精确地瞄准，但如果束流彼此错过，它们只会再绕一圈，0.000 1秒后在同一地点再次相遇。对于操纵束流的人来说，他们有足够的时间利用磁铁使束流略微弯曲，这样它下次穿过针眼时就会发生碰撞。

利用标准模型理论，我们可以精确地计算单个质子与质子碰撞产生希格斯玻色子的概率。这个概率非常渺茫，却并不奇怪，因为轻粒子比重粒子更容易制造。不管怎样，如果希格斯玻色子很容易制造出来，我们早就应该观察到了。我们无法改变这种微小的可能性，但没有什么能阻止我们制造出这令人兴奋的碰撞，然后从中挑选有意思的结果，这就是我们的策略。

大型强子对撞机的设计使两束质子云（束流）之间的距离约为7.5米。因为束流以接近光速的速度移动，它们在相互作用点每秒相遇4000万次。如果你知道在每一个交叉点上有10~20个质子发生碰撞，那么就知道每秒有将近10亿个质子发生碰撞。和其他重粒子一样，希格斯玻色子的寿命极短，你必须从到达探测器的碎片中重建碰撞过程，就好像你在拼图一样。你必须快速工作，因为250亿分之一秒后，就到了下一次碰撞的时间。解谜是实验者的工作，他们能处理好，不过，这需要各种技术和计算机的加持才能完成。

超环面探测器（ATLAS）实验

在质子束发生碰撞的四个地方都放置了测量装置，由世界各地的大学合作研究碰撞结果。两个最大的实验，即ATLAS和CMS，就是用于探测碰撞中产生的许多不同粒子，但希格斯玻色子的发现绝对是首要任务。

在探测器中心产生的粒子会向外发射，并穿过不同的探测器层，这些探测器层过去是传统粒子物理实验的一部分。与加速器一样，探测器也比早期的实验升级了不少。它们更精确、更准确、更快速、更强大，能够承受更高剂量的辐射，并能够更准确地测量这些高能量。如果你看看分析碰撞所需的探测器和软件的规模和复杂性，那你对成千上万的物理学家参与其中这件事就不足为奇了。数据量是非常庞大的。ATLAS探测器是一个长约45米、高约25米的圆柱体，与白宫差不多大，里面塞满了高科技电子产品和传感设备。探测器尽可能地密封碰撞点，这样就不会有粒子逃逸。但是，完全密封是不可能的，因为质子束必须从两侧进入探测器，而且必须有足够的空间让电流和冷却剂进入系统，好让信号和热量散发出来。提出最佳设计是一个巨大的难题，特别是因为我们事先不知道确切的尺寸，甚至不确定组成ATLAS的所有探测器是否都能工作。

像这样的国际科学实验能幸存下来并取得成功，确实是一个小小的奇迹。虽然大公司通常有严格的等级制度，以便能够有效地运作，但在这种情况下，一个由2000名受过高等教育的人组成的组织必须由10~20名成员组成的高度自治的团体组成。这是一个非常复杂的命题，你如何确保日本博士生能够与德国教授一起工作，或与来自美国的极具竞争力的研究小组"建设性"地合作？它使巴别塔的建造看起来像儿戏。你如何分配所有的任务？当然，你能找到很多愿意在大型会议上作最后陈述的人，但谁会在周日凌晨2:30坐在控制室里，以防探测器出问题呢？以及有谁愿意去做很多小的、基本的工作，比如校准或计算机模拟？这样的工作也许不那么出彩，但对最终的结果却是必不可少的。幸运的是，有一个很好的体系来确保工作能在科学家之间公平分配。尽管有时看起来并不是那么高效，但说实话，这种方法的灵活性往往为非传统的想法留下了空间，也为以开放的心态倾听这些想法留下了空间。的确是个好主意！

当大型强子对撞机按照规范运行时，在相互作用点每秒大约有10亿次碰撞，但其中的大多数并不能引起科学家们的兴趣，因为质子之间仅仅是相互摩擦，或产生已知的粒子。要真正进入新世界，质子必须迎面相撞。即便如此，标准模型预测大多数碰撞只会产生几个夸克或胶子。真正有趣的是那些产生重粒子的碰撞：Z玻色子，顶夸克，或科学家梦寐以求的粒子，即从未有人发现的新粒子，比如直到2012年才被发现的希格斯玻色子。我们必须了解到一个简单的事实，即我们永远无法详尽地研究所有碰撞。从探测器收集数据所需的时间比下一个质子云穿过探测器中心之前的25纳秒要长得多。即使我们可以在这段时间内收集所有的测量数据，也没有足够的磁盘空间来存储所有的数据。关于单个碰撞中所有粒子的信息占据了大约2M的空间，与手机上一张照片占据的容量大致相同。这听起来可能不像是"大数据"，但如果你连续几个月每秒拍摄1000张照片，总容量会增长到PB（拍字节）。这无疑是一份庞大的数据：一个PB就是一千TB（太字节），好比几千个家里使用的备份硬盘。我们如何在每秒发生的上千次有用的碰撞中做出选择？以及如何才能很好地识别出产生的所有粒子？

　　大型探测器中用于识别粒子的实验技术与我们在前面章节中看到的一样。带电粒子的速度和电荷是通过观察粒子在探测器中心的路径来测量的。之所以能识别这些路径，是因为带电粒子通过薄探测器层时会留下一串信号（小电流）。然后我们通过破坏性测量来估计其能量，使得粒子完全停止。通过组合来自不同探测器元件的信息，我们可以区分不同的粒子，就像我们可以区分人类和兔子在雪中留下的完全不同的轨迹一样。有两种粒子可能会被我们错过，因为它们能几乎不受影响地通过量能器：μ介子和中微子。μ介子是带电的，所以我们可以通过在探测器外面加上几层薄薄的探测器层来识别它，而中微子对普通粒子探测器仍是不可见的，探测器无法观测到它。

　　探测到的粒子仅仅是谜团的一部分，它启发了我们对新世界的见解，因此，不但要识别不同类型的粒子并测量它们的性质，而且要准确地知道我们的测量结果有多精确，这一点至关重要。比如一个粒子是μ介子的错误概率是百分之一，还是十万分之一？如果测量一个粒子的能量，误差是0.5%还是20%，我们又是如何发现的？获得这些数字和提出策略所面临的问题也成了许多会议的主题。接下来，我想让你们了解一下探测器的精确度有多不可思议，以及我们在观测碰撞之前和期间是如何获得使用新设备的经验的。

　　当使用新的测量设备拍摄新世界的照片时，你必须全面地了解这个设备。否则，当你终于看到一些奇怪的东西，你怎么知道这是一个新的发现，而不仅仅是你的设备出了问题？例如，如果《国家地理》杂志的摄影师发来他在不为人知的岛上拍摄的黑白照片，没有人会怀疑这个地方是否有颜色。但如果我们看到的是他发来的粉色长颈鹿吃树上粉色香蕉的照片，就会明白他的相机颜色设置出了问题，因为长颈鹿和香蕉是黄色的——这一点毫无疑问。但当照片来自火星或海底时就不那么好辨别了。如果没有任何参照，我们如何判断看到的照片是否准确？在没有任何熟悉的东西与之比较的情况下，我们如何估计火星上山脉的大小，或弄清一种新的深海生物的颜色和大小？简言之，了解你的设备是非常重要的，无论你研究的是一个新的领域还是在粒子物理学中探寻新的世界。

幸运的是，随着时间的推移，我们逐渐对设备建立了信心，因为即使在新的碰撞世界中，也会产生一些非常熟悉的粒子类型。就像彩色照片中的长颈鹿一样，这些粒子有着非常好理解的特性，你可以用来校准探测器。你可以逐渐增加这些标准信号的复杂度，直到你最终能够自信地分辨奇怪的现象是"真正的"奇怪。

为了了解ATLAS探测器的特殊之处以及校准它所涉及的内容，我们可以看几个例子。虽然我在这里展示的设备看起来很先进，但其实不是。你看，它的大部分组成部分可以追溯到大约20年前，当谈到技术时，20年前科幻小说里出现的内容现在已司空见惯，至少在欧洲核子研究中心是这样。事实上，这种设备仍被视为最先进的，这使得它更加令人印象深刻。

像素探测器：加强版照相机

ATLAS实验的核心是一个探测器，由三层薄层组成，共有800万个非常小（0.05毫米×0.4毫米）的探测元件，被称为像素，当带电粒子穿过它们时，这些元件会记录一个小电流。这些像素层形成一个圆柱体，它被尽可能紧密地放置在束流管周围，以便确定准确的碰撞点。你可以将它与8000万像素的数码相机进行比较，尽管目前还没有生产出这样的相机。如果你想要一个，去电子商店，或佳能或索尼专柜，问他们什么时候可以买到，他们会告诉你这项技术还不存在，可能在未来几年内都不会进入消费市场。如果你补充说你还希望相机每秒能拍10亿张照片，你肯定会得到一个意味深长的表情，事实上，他们可能会在你面前笑出声然后走开。

然而，就是这20年前设计的设备和参数帮助我们进入了新世界。你可能在逛完一家相机店后得出这样的结论：这是不可能的，我们只能等待行业的发展。但并非就到此为止。如果你迫不及待地想让这个行业出现一台这样的相机，或你不想等待，那么，这意味着你必须自己发明相机。其中的复杂程度难以想象，但如果你能将世界上最聪明的物理学家和工程师聚在一起，如果你非常渴望梦想成真，那么你就能做到。重要的是，这已经实现了！一个符合这一描述的装置已经存在，现在位于地下100米处，是世界上最大的实验之一（ATLAS实验）的核心。

量能器：不停校准

我们通过使粒子完全停止来测量它们的能量，我们把粒子停止处的探测器层称为量能器。原理很简单：粒子穿透探测器越深，进入探测器时的能量就越高。在粒子带电的情况下，我们从探测器最深处产生的偏转得知了它们的能量。但是对于光子（光的粒子）和其他不带电的粒子，来自量能器的信息是我们掌握到的全部。测量光子的能量尤其重要，因为希格斯玻色子会衰变为两个光子，而这实际上是我们在研究中要关注的重要特征之一。

量能器已经在实验中使用了几十年，所以，我们对如何设计一个探测器总能做出很好的设计，无论需要的是怎样的功能或精度水平。但是"很好"其实还可以更好，要想弄清楚在这种情况下该怎么办，我们需要知道不同设计的确切效果，以及温度和其他可能干扰能量测量的因素的影响。这意味着要不停地测试、测试，再测试。我们可以在实验过程中这样做，但如果在实验阶段出现了问题，就来不及解决了，所以我们更喜欢在可控的条件下提前测试。

那要怎么做呢？为了测试新温度计显示的温度是否正确，你可以先把它泡在冰水里，然后再泡在沸水里，它应该分别显示0 ℃和100 ℃（标准大气压条件下），这两个冰点和沸点温度就是你的基准。例如，如果你的温度计读数显示–2 ℃和98 ℃，那么你就知道这个温度计存在2 ℃的偏差。这样就没有问题了，因为当你之后使用同一个温度计进行测量时，你可以很容易地修正这个微小的偏差。粒子探测器也是以同样的流程进行校准的。在欧洲核子研究中心，我们可以利用实验测试新想法，或借助测试束流设备校准现有的探测器。它们能产生一种特定类型粒子的束流，并且我们已经精确掌握这种粒子的能量。通过将探测器放置在这些离子束经过的路径上，你可以研究你的设备如何反应，以及它如何识别粒子及其特性。这些测试束流项目是粒子物理真正需要实践的地方，我很难告诉你我在欧洲核子研究中心测试电磁量能器花了多少个晚上。它很有趣，也很有教育意义，但也确实很累人，常常让人觉得很沮丧。不过，当你看到CMS实验中电子和光子的能量测量有多精确，结果质量有多高时，你就知道这一切都是值得的。

μ介子探测器：监测微小偏转

通过量能器，我们来到实验的最外层：μ介子探测器（μ介子室）。我稍后会更详细地解释，探测和测量μ介子是开启希格斯玻色子发现之路的关键之一。希格斯玻色子最明显的特征之一是它会衰变为4个 μ 介子。这些 μ 介子在几个重要方面与它们"轻"兄弟电子相似。当 μ 介子穿过各层探测器时，它会留下信号，而 μ 介子的偏转会提供关于它速度和电荷的信息。在这方面，它和任何其他带电粒子相似，但由于其独特的性质之一，它几乎可以毫不费力地通过量热器中的厚板铁，而几乎所有其他粒子都会被这块板阻断。因此，通过添加几个可以探测带电粒子的传感层，就像那些在探测器中心但却一直在外侧的探测层一样，我们可以确定 μ 介子的性质。

分辨粒子是否为 μ 介子是一个重要的步骤，但仅仅这样还不够。如果我们想知道两个 μ 介子是否来自同一个粒子分列，必须将它们相互联系起来，要做到这一点，需要准确地知道它们的性质。我们知道一个 Z 玻色子可以衰变为带正电和带负电的 μ 介子，所以一旦检测到这种组合，可以反推出碰撞肯定产生了一个 Z 玻色子。由于 Z 玻色子的性质是已知的，因此，我们可以用这些 μ 介子来研究和校准探测器的响应。从原理上看，这就和之前温度计校准的例子一样。记住这个事实：当遇到4个 μ 介子产生的碰撞时，我们就有机会发现希格斯玻色子的衰变。

在这种情况下，一件有意思的事发生了：μ 介子以极高的速度运动，当它通过巨大的探测器时，它只偏转了一点点（比1毫米小得多）。为了观察这个微小的偏转并用它来计算 μ 介子的速度和电荷，我们需要知道每个探测器的确切位置。即便偏差1毫米，我们也可能会混淆带正电的粒子和带负电的粒子，最终得到一个完全错误的事实，从而可能会把这次碰撞归为无用的碰撞，尽管它可能涉及希格斯玻色子。因此，当我们观察碰撞时，准确地知道探测器在哪里，密切跟踪探测器的位置是很重要的。

就在我们把 μ 介子室安装在 ATLAS 探测器外围的地下深处之后，也就是第一次碰撞发生的前一年，我们有幸得到了来自宇宙的"一点帮助"。我们早先发现，来自外太空的宇宙射线在撞击大气层时会产生 μ 介子。这些 μ 介子不仅很容易到达地球表面，而且像一把温热的刀穿过黄油一样，直接穿过大型强子对撞机上方的土壤和岩石，所以它们偶尔会穿过 ATLAS 的 μ 介子探测器，即使这些探测器在地下约 45 米的深处。早在束流碰撞开始之前，这一现象就让我们对 μ 介子室的确切位置有了一个清晰的想法。但是，由于 μ 介子探测器会随着温度变化以及磁铁的打开或关闭而移动和改变形状，我们还必须开发一个监控系统，并以非常高的精度跟踪那些巨大的 μ 介子室的位置变化。这个监测系统，也就是 RASNIK（红外校准系统）是由阿姆斯特丹国家亚原子物理研究所开发的，其主创是哈里·范德格拉夫。他所研发的在几十米内监测变形情况的技术现在也被用于桥梁和高架桥等主要基础设施项目。

ATLAS 探测器的各项零部件构成了一个高度复杂的机器，其中包含的众多探测器层使其能够识别粒子及其特性。如果我们把它提供的所有信息都集中起来，就获得了追踪那些发生衰变并产生我们测量到的粒子的重粒子所需的信息。那么，我们在碰撞中测量了哪些粒子，以及它们是否与理论预测相符？回答这个问题是了解该理论的唯一途径，因此也是判断我们是否需要希格斯玻色子来解释目前观察到的所有碰撞的唯一途径。

ATLAS 控制室

ATLAS 实验的每个部分都被日夜监控着。因此，在实验室上方数百米处，ATLAS 控制室里总有几个物理学家（轮班人员）在值班。控制室里还有数百个电脑屏幕和六个半圆形的台子，看起来像是太空船的舰桥，又像

NASA 或 SpaceX 的控制室。这一小群物理学家中的每一个成员，即轮班人员，负责实验的一个特定方面。如果出现了一个不能自动解决的问题，或不能由轮班人员快速处理的问题，他们会请专家来，专家会直接去处理，即使当时是凌晨两点。这个系统要求每个 ATLAS 的物理学家每年至少要为这个实验牺牲一个月，要么是监视探测器并保持其正常运行，要么是进行软件维护或完成众多校准测试中的一项。我们的合作方式不仅仅是一种奢侈品，还是"冒险"成功绝对的必需品。

　　尽管大多数科学家对正式的组织架构没有太多耐心去了解，但数千名科学家的合作的确需要一些基本规则。我们别无选择。因为这关系到很多钱，我们需要知道谁会做出重大决定。我们使用什么技术？我们如何分析结果？谁来负责，那个人有什么权力？当欧洲核子研究中心将工作外包给私营公司时，它必须在参与国之间谨慎地分配工作。在实验中，平衡也是关键。每项工作都需要最优秀的人才，这就需要招聘一批持不同观点的物理学家。当分配会议展演人选和重要职位如组长时，我们也要考虑每一个物理学家做着不太起眼的工作能赚多少钱。为了解决这个复杂的难题，我们建立了一个与国家和高校组织架构平行运行的虚拟组织。因此，一个资历尚浅的科学家实际上可能会在他或她的老板正在进行的同一个实验中协调一条研究路线。尽管这一体系并不排除所有形式的办公室政治（科学家也不过是个人），而且欧洲核子研究中心也有一些擅长推进自己事业发展的人，但这套体系整体运作得相当不错。同样，也是我们共同的梦想让事情顺利进行。

　　ATLAS 实验有许多分部，科学家在其中一到两个分部同时任职并不罕见。他们的活动非常多样化，但都是相互联系的。一些小组专注于一个探测器组件的质量控制，其他小组致力于计算机模拟，还有一些小组提出关于探测器的新想法，解释数据以在理论中寻找自然的基本常数，或汇集研究成果。例如，ATLAS希格斯工作组被分成若干小组，每个小组都试图非常精确地测量希格斯玻色子可能产生的衰变。这些小组共享各种信息，从统计学到计算机模拟、分析技术和数据可视化。但它们之间也有区别。研究希格斯玻色子衰变为两个光子的小组想知道电磁量能器测量光子能量的准确程度，而寻找衰变为四个 μ 介子的小组只对 μ 介子重建的最新进展感兴趣。因此，这些科学家需要为 μ 介子重建小组作出贡献，并与之合作，等等。其结果是小组和合作项目之间形成紧密的合作网络，涵盖了整个主题。各种各样的任务有时是有趣的，具有挑战性和突破性的，有时非常无聊，但都是必要的，并在科学家之间被谨慎地分配。

两个不同小组的工作可能经常会故意重叠，但大多数分析和测量是由几个独立的工作小组进行的。这从某种意义上来说效率不高，但通过并行工作，我们可以避免错误，确保工作正常进行。此外，不同群体对同一问题可能会有不同的解决方法。当然，最终只能公布一组结果，而每个小组为确保自己的结果被选中所做的努力会带来激烈的辩论，这才是真正的适者生存。关起门来，这里才是真正火药味十足的地方。但这都是可以理解的：毕竟，将你的分析、你的插图和你的数据列在出版物上，要比只用一两句话提到你的"替代分析产生了一致的结果，从而证实了主要结果"要强得多。

寻找希格斯玻色子

使用质子作为碰撞粒子的缺点之一在于质子不是基本粒子，而是由胶子聚集在一起的夸克组成。所以在碰撞中，一个质子中的夸克或胶子会撞上另一个质子的基本构成要素。在这个反应中发生的一切是受标准模型的规则约束的，从而帮你准确地判断质子相互"擦肩而过"的概率，以及它们迎面撞击产生新物质的概率。但是，是否有任何碰撞可以仅仅通过假设产生了希格斯玻色子来解释？我们对此又有多大把握呢？

这个理论告诉我们，轻粒子比重粒子（如 Z 玻色子或希格斯玻色子）更容易制造，并且产生希格斯玻色子的概率非常小。更糟糕的是，即使希格斯玻色子一开始就存在，但它在过完短暂的一生后就解体了。我们把从重粒子到轻粒子的转变过程称为粒子的衰变。就像古生物学家从恐龙的骨骼中重建恐龙及其特征一样，粒子物理学家试图从"稳定"的粒子（这些粒子的存活时间足以让我们用探测器观察）推断出最初的碰撞中发生了什么。在希格斯玻色子的例子中，我们发现它衰变的大多数方式与熟悉的某些粒子的碰撞结果一样，但那些已知粒子的碰撞发生得更频繁，因此，如果你在分辨粒子时犯了哪怕是一丁点儿的错误，你都可能很容易得出碰撞产生了希格斯玻色子这一错误结论。当你错以为自己观察到了希格斯玻色子，但后来却不得不承认这是一个错误，这样的事带给你的不是美名，而是永远的耻辱。

在确定希格斯玻色子是否存在之前，你需要找出一组碰撞，其中粒子几乎唯一可能的来源只能是希格斯玻色子衰变，然后仔细核对数据，以确保没有任何环节出错。幸运的是，的确有一些粒子衰变的模式（也称为衰变道）符合这种条件，但很明显，希格斯玻色子不会那么轻易让自己被捕获。

我们的预测是，如果希格斯玻色子存在，它的存活时间不到百万分之一秒的百万分之一，随后就会消散。它的衰变可以产生多种粒子，而确切的组合取决于希格斯玻色子的质量，这一点在希格斯玻色子被发现之前一直是个谜。好在对于希格斯玻色子的每个假设质量，我们都能观察到不同的衰变特征。因此，我们捕获它的策略集中在两种几乎是独一无二的且非常清晰可识别的衰变类型上：

1. 变成两个光子（光的粒子）；或者
2. 分成四个带电轻子（μ 介子或电子）。

尽管这两种终态加起来只占希格斯衰变总数的不到1%，但它们很容易在探测器内部发生的数十亿次碰撞中被发现。如果没有希格斯玻色子，它们出现的概率会非常低，因此为准确辨别希格斯玻色子是否存在提供了一个理想的基础。为了找出这些特定的衰变，我们使用前面所说的策略，在数据中搜索"峰值"。当有了重点和战略，剩下的步骤也就相对清晰了：

1. 选出产生了两个光子或四个 μ 介子的碰撞。如果碰撞中没有产生希格斯玻色子，不仅这些粒子的组合非常罕见，而且探测器对光子和 μ 介子也非常敏感。我们既能在碰撞产生的数百个粒子中清楚地识别它们，又能非常精确地确定其性质。

2. 计算每个选定碰撞的不变质量。如果这两个光子或四个 μ 介子真的来自一个希格斯玻色子，那它们的存活时间是有关联的。就像某种恐龙的骨头总是完美地结合在一起，产生同样的骨架一样，碰撞中产生的粒子的性质使我们能够计算出母粒子的不变质量。在这里，希格斯玻色子也符合这个规律。当这些粒子的组合不是来自希格斯玻色子时，不变质量的分布没有清晰的结构，并且可以被相当准确地预测。

　　3. 在不变质量分布图中寻找一个偏差值（峰值）。如果希格斯玻色子存在，那么图中的某个特定部分，即希格斯玻色子质量分布周围的部分，会显示出与预测的明显偏差，因为那里所有的额外碰撞都涉及希格斯玻色子。当我像描述食谱那样去描述这个过程时，它看起来是如此和谐和整洁。但在实际操作中，它却令人失望而又混乱。通过连接来自不同探测器的信号来测量和识别不同的粒子，选择正确的碰撞，并对其进行解释——这是一项浩大的工程，耗费了数百名粒子物理学家10多年时间才能完成。

在大型强子对撞机实验的头两年，即2011年和2012年，加速器产生了越来越多的质子–质子碰撞，我们也研究了涉及许多不同粒子组合的碰撞。但正如我解释过的，重点是产生两个光子或四个 μ 介子的碰撞。这可以归结为分析不变质量分布图，看我们是否能找到一个偏差值，从而证明希格斯玻色子的存在。

　　自然界总是波动的，呈现出明显的均匀分布。例如，你洗澡时水的温度永远不会和昨天一模一样，以及每一窝小猫的数量也不尽相同。偏离平均值并不一定意味着就很特别。只有当这种偏差非常大时，我们才称之为异常。我们物理学家认为，除非偏差非常罕见，超过了"5Σ"的阈值，否则不会认为发现了异常。用外行的话来说，我们把数据中的偏差（过量）称为发现的过程，因为在这样的实验中，如果大自然按照古老的既定理论运作，这种偏差只会每几百万次出现一次。在我们的例子中，希格斯玻色子没有这种古老且既定的理论可适用。

所以每当在图中看到一个偏差，我们的第一个问题总是，"在没有希格斯玻色子的世界里，这种偏差产生的概率是多少？"这个问题的答案表明这是一个偶然波动的概率，并告诉我们是否在观察新的东西。幸运的是，我们知道如何回答这个问题，即使它把我们带进了统计学的世界（别担心，你已经攻克了粒子物理中最难的方程，所以你也可以处理这个问题）。我可以继续和你谈论这些数字，但首先我想做一个类比，让你更好地理解这个问题以及如何处理。

当研究碰撞，特别是不变质量的分布时，问题在于我们根本不知道希格斯玻色子是否隐藏在这些数据中，除此之外，如果它真的存在，我们也不知道它会出现在哪里。为了展示我们如何解决这个问题，我想给你们做一个小小的类比。想象一下，一个装满20个骰子的袋子，确切地说，其中一个可能是戏法道具，即每一面都是相同点数的骰子。例如，道具的每一面可能都是点数2，或每一面都是点数4。而你的任务是找出袋子里是否有戏法道具。这听起来很简单，但我得告诉你还有一个限制条件：你不能看袋子里面。你能做的就是让一个朋友拿出一个骰子，投掷它，然后在放回去之前告诉你点数。但你可以多次重复这个过程。

你会发现，当袋子里没有戏法道具时，每个点数的出现频率其实差不多。但如果袋子有一个戏法道具，你最后会发现某一种点数出现的概率比其他点数出现的概率更高。但你要如何得出最后的结论，以及什么时候才能确定这就是最终结论？在仅仅投掷了几次后，对于不同点数出现的概率，你可能会得到非常不同的结果。例如，在掷了10次骰子后，你的朋友可能已经摇到了四次4，并且没有摇到6。但在那种情况下，如果你就认为游戏袋子里有戏法道具，且它的每一面都是4，这未免还是大胆了些，因为很有可能根本就没有戏法道具，这种分布就是纯属偶然。事实上，甚至有可能存在一个每一面都是6的戏法道具，因为投掷到它的概率（如果有）只有1/20。当然，经过十几万次的投掷后，你会很容易得出正确的结论，但也许你能更早发现问题所在。每一次投掷都会带给你更多信息，告诉你袋子里是否有戏法道具。但是，在什么时候你认为（或知道）你可以肯定地说，袋子有一个戏法道具或它们都是一样的骰子？花点时间思考这个问题，以及你要怎么做才能得出结论。

假设你已经投掷了60次，而且摇到4很多次。在投了60次之后，正常情况下你会期望4平均出现10次，就像你期望1、2、3、5和6平均各出现10次一样。但假设你已经摇到4不止10次，而是16次，那我们就可以问，这个结果是否单纯只是出于偶然，或是否只能假设袋子里真的有一个每一面都是4的戏法道具来解释。为了回答这个问题，我们需要计算出，如果总共投掷60次，并且袋子里没有戏法道具，那么摇到4的概率至少是16次。如果计算这个概率（p值），我们会发现这个概率很小，只有1/30，但这并不算是什么稀罕事，不值得让你拿一个月的薪水来打赌。你收集的数据越多，有和没有戏法道具的情况之间的区别就越明显。当摇到4超出平均次数的情况变得越来越明显时，在某个时刻，偶然事件的概率已经非常小，你甚至可以很笃定地赌上一个月的薪水。

但要拿你作为科学家的声誉打赌，你需要确定真的存在特殊情况。我们已经学会克制自己，直到偶然事件的概率小于百万分之一，才会说袋子里真的有戏法道具，而这正是我们知道什么时候该提出希格斯玻色子是否存在的理由。

就像袋中之谜一样，我们事先不知道希格斯玻色子是否会导致某些测量值偏高，或者，如果知道会偏高，也不知道偏高的值是否会出现在不变质量分布图中。我们知道的是，如果两个衰变通道中有一个偏高，那么另一个通道也应该显示偏高。这是因为不变质量的峰值应该分布在希格斯玻色子质量值周围。实际上，彼得·希格斯的理论告诉我们，相比衰变为4个μ介子，通过预测衰变为两个光子的相对概率，我们可以计算出信号的相对强度。

如果没有希格斯玻色子，我们很难估计分布图中每种类型碰撞出现的平均次数。有两个原因：首先，我们是第一次使用这个探测器，也是第一次在这个能量尺度上发现碰撞；此外，我前面提到的工作量庞大的校准计划仍在进行中。随着对如何识别粒子及其性质越来越了解，我们对普通碰撞出现的平均次数（背景）越来越确定，因此在估计观测到的偏差值（可能的信号）的重要性方面也越来越得心应手。只有经过一系列漫长的试验，才能最终看到不变质量的分布。最重要的是，所有这些都是经过谨慎编码的，这样我们就不会有意识或无意识地朝着一个特定的解决方案努力。这在一定程度上意味着，我们无法每天更新这两个分布图，但每一次的更新都离答案更近一步，"那么这些数据中是否隐藏了希格斯玻色子"？

从看到第一次产生偏高数值，到确认偶然波动的概率小于百万分之一的欣喜时刻——突破了神奇的5Σ阈值，我们经历了很长一段时间的忐忑。你可以想象我们的兴奋，当数据涌入时，我们的眼睛一直盯着那个峰值。但与此同时，每次有新数据时，我们都要不断检查偏高的数据是增加还是减少，这让人很紧张。你必须学会等待，直到你能完全确定，但在整个过程中，你还知道有一个竞争性的实验正在进行，而那些科学家也和你一样渴望成为第一个宣布这一发现的人。国际媒体只想得到一个肯定或否定的答案，而不想听一个关于p值和系统误差的复杂故事，对那些可怜的物理学家来说，这并没有让事情变得更容易。

　　粒子物理学家每年会在一些特殊的日子向他们的同行和世界分享他们的研究结果。其中主要的活动有三月的莫里昂会议和一个大型夏季会议（ICHEP或EPS）。2012年在墨尔本举行大型夏季ICHEP会议前的最后几周，气氛异常紧张。我们希望在此之前收集到足够的数据，从而在希格斯玻色子的研究上迈出新的一步。欧洲核子研究中心发布了一份新闻稿，宣布两个最大实验的领导人会在2012年7月4日，也就是大会开始前几天，进行了一次公开演讲。这是非常不寻常的一步，引发了各种传言，无论是在实验室还是在媒体上。在阿姆斯特丹的国家亚原子物理研究所里，一切准备就绪，这样记者和全体工作人员就可以在一个大礼堂里观看欧洲核子研究中心的实况报告。

　　在欧洲核子研究中心，我们总是匆匆忙忙地从一场会议赶赴下一场会议，但大约在那个时候，这里就犹如一个彻底的疯人院。在实验室内部，我们早就知道会有一个偏高的数据，但所有校准和检查的结果从各个不同的小组慢慢传来，在最终得出一个关键数字之前，必须将其结合在一起，以此来证明这两个衰变通道中的峰值与希格斯玻色子不存在的假设是不兼容的。为了在一个模型中捕获和组合所有数据，以便在经过数百次检查后将其简化为一个数字，即不兼容的程度，我们使用了一个框架程序，其主要设计者和开发人员是我在国家亚原子物理研究所的同事沃特·威尔克。我至今都无法想象，如果没有他的程序，我们怎么能这么快地把所有的数据结合起来。与希格斯玻色子不存在的假设的兼容性必须足够小，只有这样我们才能说自己发现了希格斯玻色子。在这种情况下，希格斯玻色子的质量是多少？分布图是否提供了一致的图像？在欧洲核子研究中心，重大实验的结果似乎总是会很快泄露出去，这让我们崩溃，但令人惊讶的是，在这种情况下，我们守住了秘密。

虽然大多数人很难相信，但最终的数字是在演讲前几天才确定的。我们观察到的偏高值太大了，所以没把它看作是波动，而其余的图像也是一致的。因此，显然产生了一个重粒子，它的性质与彼得·希格斯在1964年预测的粒子一致。后来我们得知，我们的竞争对手在CMS实验中也观察到了偏高值，而且在同一个地方。如果粒子是希格斯玻色子的话，它的质量大约是125兆电子伏特（相当于质子的130倍多一点），它确实衰变为两个光子和四个μ介子。

物理学家对他们的结论是非常谨慎的，在演讲以及后来的出版物中，他们是这样描述测量结果的："在寻找希格斯玻色子的过程中，我们看到了一个与预期的希格斯玻色子存在结果一致的偏高值，但其中仍有很小的可能性，即这是由标准模型中其他过程引起的偶然波动。"最终，你需要的是一个权威人物来打破顾虑，把"可能"变成"是"或"否"。在我们的故事中，这个人是当时的欧洲核子研究中心所长罗尔夫·休尔，他的发言在ATLAS实验负责人法比奥拉·贾诺蒂（我写本书的时候是欧洲核子研究中心的总干事）的演讲之后，他说："女士们，先生们，我认为我们已经做到了。"听众中有弗朗索瓦·恩格勒特和彼得·希格斯，他们是率先提出机制和粒子本身的人。他们被邀请参加研讨会，"因为可能会有一些有趣的东西"。当然也确实是这样，彼得·希格斯在随后接受采访时表达了自己的想法，称这一发现令人惊讶，并表示他对自己有生之年能见证这件事的发生感到惊讶。

　　这项研究历时50多年，来自世界各地的两大科学家合作小组最终发现了谜题的最后一块拼图。真是太棒了！这是一个令人欣喜若狂的时刻，也是我们共同梦想的终结，即以研究质量的方式发现了这个粒子。参与这一历史性突破的时刻是多么美妙。正如我们之前所怀疑的，真空并不是真的空无一物，而是充满了希格斯场，它赋予了粒子质量。这不仅是携带弱核力的粒子（因此其影响范围仅限于很短的距离），而且是物质的基本构成要素。质量是粒子的特性，它使粒子聚集在一起，形成宇宙中的结构，如星系、太阳和地球。现在我们知道这是什么原因形成的。一些人把这个新的发现描述为"就像一条鱼发现它生活在水里"。

新的现实

　　7月5日，和我的许多同事一样，我在欣喜中醒来，但科学家那种熟悉的不安感觉很快又开始困扰我们。的确，我们已经发现了一个新粒子，但它是否具有彼得·希格斯预言的具体性质？还是像许多理论物理学家所怀疑的那样，自然界赋予粒子质量的机制其实更为复杂？一旦我们获得了物理学界最大的奖项，就会继续为这个问题而烦恼，这看起来似乎很奇怪。在我们长期沉迷于寻找希格斯玻色子之后，你可能几乎忘记了，物理学中还有一长串悬而未决的问题，其中包括许多希格斯玻色子的存在无法解决的问题。

　　我们现在来思考几个开放性问题。我们会继续密切关注质量相关的现象，即便这个新粒子真的是唯一的希格斯玻色子，仍然有许多未解决的问题。例如，希格斯机制解释了粒子是如何获得质量的，但为什么粒子有特定的质量仍然是个谜。为什么这些质量之间差异如此大？中微子可能比电子轻100万倍，而电子又比顶夸克轻几十万倍。奇怪！为什么有三个粒子族只在质量上不同？著名的标准模型在量子水平上是完全一致的，但当我们用来计算希格斯玻色子质量的量子修正时，却失败了，这怎么可能呢？总之，我们还有很多工作要做。

第六章

未知之地，未知之旅

　　我们坚信世界比现在所知的还要大，科学家孜孜不倦地寻找新的方法来扩展知识范围，探索新的领域。当我们谈论绘制未知领域的地图时，往往会想到探险家，比如古代中国的郑和，但我们同样要记得，像居里夫人这样的科学家也发现并描绘了新的世界，他们都被同样的冒险意识和难以抑制的好奇心所驱使。探索带来了很多新的见解，我们今天对宇宙、地球和生物学的了解比一个世纪前要多得多。在一本关于科学的书中，关注成功的故事是很有诱惑力的，但其实，正是那些无法回答的问题在指引我们向前。毕竟，在目前的极限之外，所有问题的答案都是未知的。也正是这些烦人的问题提醒我们，世界远比现在想象的要大。一个世纪前是这样的，现在仍然如此，并且永远如此。我们现在可以花点时间凝视窗外的雾气，想想在那里可能会发现什么。未解的基本问题可以列出一条长长的清单，而我们不得不面对一个现实：标准模型不是自然法则的最终基础。

　　世界变得更大了，但我们该往哪里看、该往哪条路上走？没有哪个著名的理论是凭空冒出来的。每一个理论几乎都是长时间反复试验的结果。在这个漫长的旅程中，思想和梦想全是关于自然法则，尽管失败的冒险也是游戏的一部分，但失败的模式往往与其创造者一起被遗忘。为了理解基础物理学在我的领域里寻找什么，以及我们梦想的新世界，那么对我们不了解的世界形成一个清晰的概述是很重要的。

故事的开始总是从收集和整理事实开始，这也是我们逐渐了解大自然的方法，因为每一个新的事实都会被整齐地纳入当前的模型中。那都是相当无聊的工作，能令人兴奋的是当一个新的事实不太适配当前的模型时。当出现以下情况之一时，我们的血液就会开始沸腾：

- 看到一些与目前的自然法则相矛盾的东西；

- 发现一种目前的理论无法预测的模式；

- 我们再次停下来，反思清单中"更深层"的问题：理论基础背后的原因，或时间和空间本身的起源等。

在上述每一种情况下，很明显，我们目前对世界的看法还有很多不足之处，需要扩大现有自然法则的适用范围。但并不是说旧的关于世界的图景就会因此而崩塌或必须被彻底抛弃。绝对不是！毕竟，直到那个令人费解的现象出现的那一刻，旧模型适用于我们在自然界观察到的每一种现象。

有时，对旧理论稍加修改或扩展就足以解释这种奇怪的新现象，但并不总能成功。有些"异类"会顽固地拒绝透露秘密。在这种情况下，也就是说，如果新的现象真的无法理解，我们最终会尝试构建出一个新的理论，从一个非常不同或更深层的角度来阐明这个问题，这常常要求我们引入新概念、新原理、新力或新粒子。在外行人看来，我们只是需要再次头脑风暴，但构建一个新的理论并不像看上去那么容易。因为任何一个新的理论都必须满足一整套严格的条件。具体来说，它必须：

- 解释所有已知的自然现象和规律；

- 解决新问题或解释新现象（这始终是必要的，因为这是提出新理论的关键）；

- 避免做出我们知道是错误的预测。

理论物理学家的创造力不容忽视。就像建筑师设计漂亮实用的建筑一样，科学家提出全新的概念并计算出所有结果都是在一个创造性的过程中进行的。他们描绘了一个无人见过的世界，尽管存在种种不确定性，这些草图还是为实验研究人员提供了指导。在理论物理学家观察到一个神秘现象后绘制的所有可能的"新世界地图"中，毫无疑问，只有一张是正确的。而对于剩下的来说，一旦可测试的预测结果与实验事实不符，就会被贴上"不正确"的标签，并扔进垃圾桶里。毕竟，事实是不同理论之间竞争的最终裁判。即使是已建立的理论，也要在更广泛的实验条件下，接受定期的压力测试。在任何情况下，无论一个模型有多好，多么完美，或多么复杂，一旦它不能解释某个实验观察，就会从"神坛"上跌落下来，然后我们开始寻找另一种可能。

当年，我们对原子相关问题的答案的探索带来了新知识的爆炸，如今，又再次站在革命的边缘。正是因为我们不断学习更多关于标准模型的知识，才敏锐地意识到仍有很多不了解的东西，而且越来越明显的是，可能存在一个更基本的理论，而今天的标准模型只是一个粗略的和现成的版本。接下来，我们会研究几个主要的问题点，正是这些指出了粒子物理学进一步研究的方向，并考虑一些新的甚至是古怪的想法，它们已被认作是解决今天问题的方法。有些想法听起来会非常奇怪和激进，尽管其中只有一个（最多！）

结论会是真的，但这不是忽视它们的理由。毕竟，这个被证明是正确的想法会让我们的世界发生翻天覆地的变化。

那些还未被了解的现象

下面列出了一些让粒子物理学家夜不能寐的大问题，这些问题为物理学中的研究指明了方向。我们最想了解的几个问题是：

1. 什么是暗物质？尽管我们自称已经知道宇宙中所有物质（恒星、行星、星云、中子星，等等）的基本组成部分，但这些不过只占宇宙中所有质量的16%。或换一种说法：每一千克质量已知，就有四到五千克我们看不见的东西、物质或别的什么。除此之外，我们知道这个神秘的东西并不是由地球上的粒子组成的。那是什么？还是我们搞错了方向，根本就没有暗物质？

2. 为什么引力如此微弱又奇怪？在已经发现的四种自然力中，有三种力在原子核的水平上同样强劲。这些力具有相同的数学结构，都适用一个单一的量子理论：标准模型。第四种力量，引力，唯一一种奇怪的力量。我们似乎找不到一种方法来描述它在量子层次上的行为。同时，它与其他三种力相比非常微弱。这不可能是巧合，但我们该怎么解释呢？我们真的了解引力是如何工作的吗？

3. 所有的反物质都去哪了？在标准模型中，物质和反物质处于完美的平衡状态。每当欧洲核子研究中心产生一个新粒子时，反粒子总是伴随其产生。然而，宇宙中其他任何地方都没有反物质存在的证据，这非常奇怪。在宇宙初始时，物质有稍微比反物质多一些吗？物质和反物质的行为方式完全不一样吗？还是我们只是"忽略"了宇宙中一半的物质？

4. 标准模型中那些神秘的模式是什么？在标准模型中，我们也看到了一些无法解释的奇怪模式：

- 为什么有三个粒子族？
- 为什么夸克和轻子的数量相等？
- 为什么粒子有质量？
- 为什么中微子的质量这么小？
- 这三种力量会在高能量下融合成更基本和更原始的力量吗？

以及还有很多技术性的问题。

5. 暗能量和时空的起源在哪呢？与此同时，我们不要忽略了大局。我们最近了解到，宇宙不但越来越大，而且变大的速度越来越快。这很奇怪。一立方米的空间包含能量，所以当宇宙膨胀时，就会消耗能量。是什么推动了这种膨胀？要怎么创造新的空间？这一切又是怎么开始的？

还有许多其他问题，但只要看看上述这些问题，你就会发现我们的探索之旅还没有接近尾声。你可以理解为什么科学家夜以继日地工作，进行新的实验，试图寻找答案。当然，自从发现希格斯粒子后，我们就再也不是坐以待毙了。在寻找答案的过程中，我们提出了各种理论和实验。我会集中在三个方面，它们说明了研究的三个主要领域：新粒子（暗物质）、新力（原力）和新现象（另一种空间维度）。

新粒子：寻找暗物质

很长一段时间以来，宇宙中飘浮的物质比我们看到的要多得多。这种神秘的物质，即暗物质，到底是什么，是当今物理学中最大的开放问题之一。其中一条线索来自星系中恒星的自转，如果我们回想一下地球围绕太阳公转的例子，就很容易理解了。如果知道太阳和地球的质量，我们就能精确地计算出地球保持稳定轨道运转的速度。当然，太阳是肉眼可见的，但想象一下，如果不是这样的话。即便如此，我们也能从星球的运动中间接地发现，不仅在地球公转的轨道中心有一个很重的物体，而且这个物体的重量一定非常大。既然我们知道自己的速度和圆形轨道的大小，那力学定律会阐明剩下的内容。这一点毫无疑问，或者，至少我们是这么想的。但令所有人惊讶的是，当我们观察星系中恒星的速度时，有些地方有出入，恒星的速度并不符合预期。解释这一速度分布的唯一方法是假设除了我们能看到的恒星之外，每个星系中都有一团物质粒子。因为我们用望远镜看不到这些粒子，所以它们被称为暗物质。

近年来，暗物质存在的间接证据越来越多。计算机模拟显示，如果这个神秘的额外的质量不存在，普通物质就不会如此迅速地聚集在一起（也就是说，在已知宇宙的生命周期内），形成我们现在观察到的星系和其他更大的结构。还有其他证据可以证明暗物质的存在。即便如此，还有一点很奇怪，当我们认为恒星、行星、星际气体和光子足以解释一切时，怎么可能错过如此大质量的粒子？如果把宇宙学和天体物理学的所有实验结果放在一起，很明显，我们看不到的物质的数量不仅是所有已知物质的5倍，而且可能更重要的是，它不是由在地球上已发现的粒子组成的。尽管暗物质这个名字似乎意味着我们对它的性质知之甚少，但其实所有的线索带来了很多提示。首先，它不与普通光相互作用，不然的话，我们早就看到它了。

为了弄清楚这一点有多么重要，我要再说一次：宇宙中我们看不见的物质似乎是能看到的5倍，而所有未知物质并不是由地球上的物质组成的。那未知的是什么？如果在标准模型中没有任何这种粒子的位置，那我们如何扩展模型来为它腾出空间呢？

一切看起来似乎很简单。假设你是一名粒子物理学家，你看到的新物质不是由标准模型中的粒子组成的，那么你会想到一个新的粒子。"你们就是这么做的，对吧？"要是这么简单就好了！新粒子不仅要有质量，要保持电中性，且几乎不与普通物质发生相互作用（因为这些是间接确定的性质），还要符合标准模型的结构。然而，你已经完成了这个拼图，没有一块多余的地方。同样地，我们不能总想出一个额外的粒子强行融入当前的模型。其实有很多方法可以解决这个问题，但它们带我们超越了谜题的边界。

有一个理论为暗物质之谜提供了一个不错的解决方案，即所谓的超对称性。这个概念是在20世纪70年代末发展起来的，目的是在物质（费米子）和力粒子（玻色子）之间建立联系。虽然本书的理论背景会让我们接触得过于深入，但其中有一点是，标准模型中的粒子数增加了一倍，因为每个粒子都有一个超级伙伴。两倍数量的粒子听起来相当颠覆，特别是考虑到没有任何实验依据能证明这些伙伴粒子存在的前提下。但物理学家之所以对这个观点持怀疑态度，唯一的原因是上次提出这种倍增理论时，它奇迹般地给了我们正确答案。一切要追溯到1928年，当时狄拉克提出反粒子的存在纯粹是基于他的理论的数学结构。

狄拉克也一举把粒子数增加了1倍，在他预言后的第4年，反电子就被发现了。真是意想不到！理论家拿下了这一分，为这场持续百年的比赛赢得

了开门红。我们现在知道狄拉克是对的：每个粒子确实都有一个质量完全相同的反粒子。那么我们应该考虑另一个倍增的可能性吗？有镜像世界吗？如果有，为什么还没有发现？

在关于超对称最简单的一种说法中，超级伙伴的质量与作为普通物质的伙伴相同，既然知道了这些普通粒子的性质，很明显，如果超级伙伴真的存在，我们早就应该在实验中观察到它们了。但我们很快会发现，只要对这个理论稍加调整，就会让新粒子比它们的普通物质伙伴质量更重。突然间，关于超对称的想法又活跃起来了，因为在新的理论版本中，来自镜像世界的粒子确实存在，但它们太重了，无法通过实验中使用的碰撞能量产生。但这正是真正让粒子物理学家兴奋的地方，因为我们可以在欧洲核子研究中心的大型强子对撞机中证明它们的存在。对于大型强子对撞机而言，超级伙伴的质量不算太重。

超对称性是绘制新世界的一张草图，我们物理学家已经和超级伙伴打了一段时间交道，所以和它们已经开始变得熟悉，甚至为其编了名字。例如，超电子和超夸克是电子和夸克的伙伴，超W子（wino）是W玻色子的伙伴，等等。在所有这些奇怪的名字中，你只需要记住一个：中微子——该模型中最著名的新粒子。物理学家认为，这种粒子在宇宙中大量飘移，形成了暗物质。

像几乎所有的基本粒子一样，这些超对称粒子不会一直存在。如果你在粒子加速器中创造了它们，它们会像标准模型中的重粒子一样，一步一步地衰变成其他更轻的粒子，直到只剩下最轻的稳定粒子。但令人兴奋的是，该理论允许超对称粒子中最轻的粒子（这类新的大粒子中最小的粒子）稳定存在。这意味着，一旦这个粒子被创造出来，它就无法进一步衰变，所以它会继续在太空中穿梭，直到时间的尽头。嘿，这正是我们一直在找的粒子！

如果我们"简单地"假设粒子的数量是原来的两倍，并且每个新粒子的质量都很大，那么可以想象到的模型数量确实是巨大的。在通常情况下，有许多参数可以自由变化（每一个新粒子的质量就是其中之一），每一组参数选择会产生一个独特的镜像世界和关于我们会在实验中观察到什么的不同预测。新模型的创造者会研究哪些场景与既定实验事实一致，哪些不一致。例如，他们不应该预测那些已经在实验中出现的粒子，而他们的特定实验模型对有多少暗物质粒子正在宇宙中穿梭的预测应该完全符合我们的观测结果。

多年来，许多模型通过这种方式被排除，但不幸的是，仍然有非常多的模型是可能的。我们必须坚持一种测量方式，好让一切继续下去，并证明类似超对称的东西是存在的。在欧洲核子研究中心和全球其他实验室，寻找这些超对称粒子的希望，尤其是与暗物质相关的粒子，是科学家研究最有力的动机之一。这对我们来说太重要了，所以必须尝试各种捕捉新粒子的方法。这就是我们正在做的事情。

我们有很多理由希望超对称是真的存在，但最重要的是，它会给我们一个可以解释暗物质的备选粒子。这就解释了为什么尽管有各种可能性，我们还是从各个可能的方向寻找证据。接下来，我会描述一些正在进行的实验来证明暗物质粒子的存在。这些实验中的每一个都是为了在未来几年内提供一个答案，这会是一场精彩的比赛。

用粒子加速器制造暗物质

如果说你在这本书中学到了什么，那肯定是你知道可以在加速器中产生新的粒子。这确实是真的，就像你可以用足够的能量把质子撞个粉碎制造出希格斯玻色子一样，类似的碰撞也有可能产生超对称粒子。我的意思是，如果它们真的存在的话。

如果我们真的设法制造出这些重粒子，它们肯定会马上再次衰变，在碰撞碎片中，我们希望不仅能找到熟悉的粒子，还能找到暗物质粒子。所有这一切都会在实验室的受控条件下进行，当然，只有在足够高的能量水平下才能产生这些重粒子。即使这样，假设你真的制造出了它们，在每秒发生的数十亿次的"普通"碰撞中找到它们也绝非易事。识别超对称粒子的唯一方法与识别希格斯玻色子的方法是一样的：找出它们唯一的"指纹"。

在一大群羊中找出一只粉红色的羊不算太难，但找出那只肚子上有黑点的羊就不是那么一回事了。这个场地有多大？我观察得足够仔细吗？许多理论模型中的任意一个都能帮助你预测到会在实验中看到什么，而这些预测的范围从一只比平常大10倍的粉红色绵羊到一只与皮肤颜色几乎相同的小斑点的绵羊都包括。就像我们在寻找希格斯玻色子时所做的那样，找出正确的策略来识别可能的信号并将其从大数据组合中过滤出来，是至关重要的。

所有这些新理论的一个通用因素是，产生超对称粒子的碰撞总是不仅会产生普通粒子，还会产生暗物质粒子，最终进入探测器。令人沮丧的是，我们永远无法在探测器中看到这些粒子，因为它们几乎不会与其他构成探测器的粒子相互作用。尽管探测器内布满测量设备，它们还是会直接穿过。那么你如何测量你无法测量的东西呢？

这听起来非常困难，但有一个策略：使用众所周知的守恒定律。在监狱里，狱长通过比较早晨点名时的囚犯人数与前天晚上睡觉时锁在牢房里的囚犯人数，轻松判断是否有人越狱。如果早上进牢房的犯人比晚上少，那么肯定有一个逃走了，即使你从未注意到有人爬栅栏。粒子加速器中的碰撞原理完全相同。在两个粒子之间的高速碰撞中，不存在与运动方向垂直的能量。所以当碎片向各个方向飞去时，等量的能量分别流向左边和右边。我们可以很轻易地测量能量。应该会获得完美的平衡。当然，除非有一个暗物质粒子逃逸了，因为那样你就无法获得平衡了。

你可以把它比作从几米高的地方直接掉到地上的西红柿。当西红柿撞到地面时，它会爆裂并形成一个巨大的圆形斑点。在这种情况下，等量的番茄果肉会左右飞溅。在粒子碰撞中，西红柿果肉的一部分是看不见的（暗物质粒子）。就像掉落的西红柿一样，碰撞应该形成一个对称的图案，所以如果我们观察到一个不对称的图案，就表明有一个粒子没被检测到。因此，我们可以间接地证明，在看不见的情况下，有东西逃逸了，换句话说，碰撞创造了一个看不见的粒子。

然而事实并不像我说的那么简单，而是复杂得多。你首先要确定你的设备可以精确地检测到所有粒子，而一些普通的粒子，即中微子可以在机器无法检测的情况下逃逸。所以，你必须得确保探测器能正常工作，确保观察到的不对称是真实的，这一点非常重要。我们满怀信心地分析和解释碰撞图像，数百名科学家为此辛勤工作了十多年。出于上述提到的原因，我在大型强子对撞机实验室共事的许多同事正在寻找那些能清楚地显示缺少某些东西的碰撞图像。因为如果真的缺少了什么，那么他们必须寻找证据，从而证明在这种情况下，最初的碰撞确实产生了超对称粒子。就像我刚刚说的监狱点名的例子——究竟是哪个囚犯逃走了？

尽管近年来有一大群科学家夜以继日地在大型强子对撞机上工作，寻找这些新粒子的证据，但我们仍然没有发现任何迹象表明有粒子被制造出来且逃过了检测仪器的测量。幸运的是，这种消极的结果也可以产生部分积极的影响，因为未观察到的事实可以带来新的思路。例如，如果存在超对称粒子，那么在寻找这些粒子的过程中，这个消极的结果意味着要么它们太重了，无法以我们在大型强子对撞机上碰撞的能量产生，或者说这其实是一个"阴谋"：大自然"设定"了模型的参数，这样"指纹"就不够特别，不足以让我们区分关键碰撞和普通碰撞。这两种可能性都很小，但还是有希望的。问题是，我们知道在未来的几年里会产生很多粒子碰撞，所以即使是非常细微的线索也会最终在数据中显现出来。我们对此感到非常兴奋，毕竟没有多少理论能像超对称那样可以解决那么多问题。如果证明它是正确的，很多科学家的失眠会不药而愈。但不管我们多么希望如此，最终只有实验才能说明一切：这是否不仅仅是一个想法，或我们是否需要开始朝另一个方向寻找。

在外太空或太阳系中碰撞的暗物质粒子

让科学家相信超对称性存在的主要原因在于，根据这个理论，最轻的新粒子是稳定的。这就解释了为什么在宇宙大爆炸几十亿年后，现在仍有那么多暗物质粒子在宇宙中飘浮。尽管它们不能自行衰变，但有一个小漏洞可以让暗物质粒子逐渐湮灭：同一理论还预测，当两个暗物质粒子碰撞时，它们会产生两个普通粒子。可能是两个光子，两个中微子，或一个电子和一个反电子。如果我们观察宇宙中某个有大量暗物质的地方，应该能够看到一个信号（以光的形式），这是暗物质粒子相遇时湮灭过程的特征。

有些人认为太阳的中心可能有很多暗物质。他们说，这是合乎逻辑的：因为暗物质粒子很重，可以直接穿过普通物质，所以应该会逐渐向太阳中心下沉。因此，出于专业原因，相信这一点的科学家会直接检测太阳，看它是否会发出稍微强一点的中微子信号。他们在测量信号方面相当成功，但到目前为止，信号似乎没有比预期的更强。这真是太糟糕了！

另一个不同的策略是利用卫星实验来观察来自天空中被认为有大量或少量暗物质的部分，对比两个部分之间信号的差异。费米卫星实验声称，受到暗物质数量不同的影响，来自天空不同部分的光子数量存在差异。帕梅拉卫星实验和AMS（阿尔法磁谱仪）实验似乎也发现了间接证据，表明如果宇宙中没有暗物质粒子发生碰撞，产生的反物质（以反电子的形式）会比预期的要多。AMS实验很特别，AMS是一个微型版的粒子物理探测器，我们之前在书中讨论过，它被安装在国际空间站。这项国际实验由华裔物理学家、诺贝尔奖得主丁肇中领导，目的是测量通过探测器的数十亿宇宙射线中的反物质数量。从这些测量中得到的一些引人好奇的线索也可以被认定为是由其他现象引起的，但即便如此，这仍是一个令人兴奋的时代，感觉我们马上就要靠近超对称性了。

探测地下深处暗物质粒子的碰撞

除了在实验室产生暗物质粒子外，还有其他方法可以探测到它们。首先，如果真的有暗物质在太空中飘浮，那么其中一些可能就在地球附近。由于地球和太阳系都在太空中飞行，我们会不停地穿过这些暗物质粒子的云层。这其实对我们并没有什么影响，因为暗物质可以穿过坚硬的岩石。即便如此，如果一个粒子离原子核太近，它仍有可能从原子核上"反弹"，尽管这种可能性很小。不过，也没关系。只要有机会，无论多么渺小，实验物理学家都会找到方法有所作为。

被暗物质击中的原子会带上电荷，在电场的帮助下，带电的碎片会被送到一个特殊的探测器，并产生一股微弱的电流。碰撞的可能性取决于原子核中粒子的数量：原子核越大，碰撞的可能性越大。如果你想让原子的残余穿过周围的物质，你需要使用气体或液体。我的同事们一直在寻找一种非常重的液体，最终找到了液体氙气。准确地说，是2000千克的液体氙气，由于它的重量是水的3倍，所以有六七百公升。

原则上，一旦你搭建好探测器，要做的就是等待，并观察当地球在穿过暗物质的海洋时，能探测到多少碰撞信号。如果你计算一下预计会发生多少次碰撞，那你很快就会发现最多也就几次，还是每年几次。这可能就足够了

（因为你只需要看到一次来证明它们存在即可），但前提是你能排除错误信号出现的可能性：一个由普通粒子引起的信号，但被你错误地解释为与暗物质粒子的碰撞。

物理学家天生就喜欢怀疑，所以在声称从自己的实验中发现"新物理"之前，他们想确定自己没有犯任何错误。可能产生虚假信号的两个最强烈的影响是：（1）构成储存液态氙的巨大"保温瓶"的石块和金属中的天然放射性；（2）宇宙辐射。为了尽可能消除第一个问题，探测器的材料必须符合超高质量标准。不符合条件的含有微量放射性物质的胶水，可能会毁了整个实验。但不管有多困难，至少你可以做点什么。

相较而言，宇宙辐射就很难处理了，来自外太空的射线击中地球并产生 μ 介子。在这个实验中，这些 μ 介子也会出现在你的探测器中。为了屏蔽它，你需要用几百米厚的石层，但这并不是没有可能，在地下深处做实验也可以避免。世界上有很多地方符合这样的条件，比如废弃的矿井，或穿过山脉的隧道。你会很惊讶地发现有很多矿坑都被物理学家占用了，他们也在山底下做实验。想象一下，如果你能在山下坚硬的岩石层上凿出一个巨大的洞穴，这会是进行这种实验的理想场所，科学家也是这么做的。

听起来有点儿像《指环王》或詹姆斯·邦德的电影：在实心的岩层中凿出一个教堂大小的空间。但它们确实存在！大多数人在开车穿过法国弗雷吉斯隧道，或穿过罗马附近的格拉斯萨索隧道时，都没有注意到在中间有一段额外的小巷，那里有一条吊杆护栏和一扇通往山中深处的大门。这条路通向一个地下实验室，在那里，实验可以屏蔽宇宙射线，但你仍然可以使用计算机、电力、气体和气候控制等。你必须偶尔有一天看不见阳光，但每一个科学家都非常愿意做出这种牺牲。

荷兰的科学家参与了格拉斯萨索实验室正在进行的一项实验：氙气实验。如果我们真的在一片暗物质粒子的海洋中飞行，如果这些粒子或多或少都具有上述的性质，那么这种实验有很大概率能发现它们——简直太好了！这不仅是因为该实验是在大型强子对撞机加速器碰撞分析的同一时间进行的，使得这两个实验具有互补性，而且还因为我知道我的同事们付出了多大的努力，成功对他们意味着什么。

精密测量和量子校正

寻找新的超对称粒子的影响的最终方式是找出它们对各种计算的微妙影响。在粒子物理学中，你为进行预测而必须进行的计算从来不是简单的算术问题。在实际中，量子力学理论中的预测是所有可能发生事情的总和。在量子力学中，会发生许多奇怪的事情。事实上，什么事都有可能发生，尽管有时候发生的概率非常低。

例如，量子理论的一个奇怪预测是，在一瞬间，你能够（宽泛地来说）"从真空中借用能量"。然后，你可以用这种能量，非常简短地制造一组新的、重的、超对称粒子。因此，即使在这个过程中，没有足够的能量使它们"真实存在"，真空提供的"贷款"条件简单得很，你想借多少，就能借多少，但借得越多，你就得越早归还，这个条件能让你在一瞬间制造出两个重粒子。有趣的是，不管这些虚拟粒子在物理过程中存在得多短暂，它们仍然会对计算结果产生影响。这个影响很小，但如果你的测量足够精确，你可以确定这些量子校正的大小，并且可以间接证明新粒子，在一瞬间，新粒子被创造出来了。因此证明了新粒子的存在。在实验中"真实"制造出标准模型粒子之前，这个方法已被多次采用来证明该粒子的存在。

超对称粒子也存在同样的可能性。大型强子对撞机的某些过程对这种新粒子的存在非常敏感。有一个例子展现了一个非常罕见的过程，即一个 B_s 粒子（由一个底部夸克和一个奇异夸克组成，两个夸克相互共生）被创造出来，然后衰变成两个 μ 介子。标准模型预测这会发生在十亿分之三的 B_s 粒子上，但如果存在一个相对较轻的超对称粒子，那么这种情况可能会发生很多次。然而在阿姆斯特丹的国家亚原子物理研究所，我的同事们在第一次测量中发挥了重要作用，得到了和标准模型预测完全相同的结果。这理应是一个奇妙的测量结果，一次标准模型的胜利。但与此同时，超对称性的研究者对此却感到非常失望。很多不确定性依旧存在，但对超对称性而言，那可不算个好日子。幸运的是，这只是可能提供证据的测量方式中的一种。在大型强子对撞机的实验中，研究员狂热地找寻一切异常，这些异常可能表明新的影响在标准模型中是不可能存在的。达到所要求的精度水平是一项极其困难的任务，但这个实验做得非常出色。

暗物质的起源是目前面临的最大谜团之一。它是我们描述宇宙演化的一个重要部分，宇宙演化包括恒星、太阳系和其他大型结构的形成等现象。由于暗物质显然不是标准模型的一部分，它也成了当前模型不足和未得到正确理论的最明显标志之一。所以，你就能明白为什么暗物质被各方各面的人"追逐猎杀"。我们试图在加速器中制造出自己的超对称粒子，并通过精密测量间接观察其影响。与此同时，我们已经在山下挖洞寻找暗物质粒子与探测器的碰撞，我们甚至利用卫星寻找这些粒子之间的碰撞。各种各样的实验用了五花八门的方法，但有一个共同的目标和时间规划：每个实验都会在5年内完成测量，并得出有关暗物质的结论。激动人心的时刻就在前方，如果我们其中一个实验发现了异常或信号，你将来会在每份报纸的头版上看到这个消息。

新的力：寻求统一

当我们讨论标准模型的力时，会发现这些力都可以用潜在的数学对称性来描述，确切地说是 $U(1)_Y$，$SU(2)_L$，和 $SU(3)_C$。这些对称性不仅"解释"了力载体的存在（以及种类的数量），还解释了普通粒子交换这些力载体的方式。尽管这些力在结构和产生的现象上有很大的不同，但我们还是看到了这样一幅图景：每个力不仅建立在数学对称的基础上，而且还有一个距离，比目前粒子加速器所能看到的任何东西要小得多，在这个距离上，所有这些力的强度大致相等。所有这些因素似乎表明了，我们今天所知的力有可能是从单一的原始力发展而来。这种力的统一也被称为大统一理论（GUT）。但是，考虑到我们还不能在更小的范围内研究大自然，如果这个理论是正确的，它究竟是如何运作的？是什么让它如此有趣？如何才能证实这个理论？

如果我们坚持把对称性和力载体之前的直接联系作为我们的指导思想，这种原始力的存在可能是原始数学对称的结果，换句话说，是一种复杂的对称，标准模型只是其中简单的一部分，就像圆的旋转对称性是球体的高旋转对称性的简单形式一样。如果你深入研究对称群的数学，你很快就会意识到，有许多方法可以提出一个更广泛的对称性，适用于标准模型的对称性。对于一种特殊的新对称性，人们常常会提出支持或反对的论据，而每种可能性对于实验中出现的新现象都有自己的含义。

一个最广为流传的例子是被我们称为 $SO_{(10)}$ 群的，它说明了更高的对称性导致了所有已知力的统一。这种统一远不止是将三个独立的对称（也就是力）简化成单一的统一对称。例如，一个有趣的猜想是，每个家族中所有粒子都真正属于一个整体。正如在标准模型中，弱核力的对称使我们用电子/中微子和上夸克/下夸克成对思考，在这样一个模型中，所有夸克和轻子能聚集在同一个结构中。然后它们相互从属，形成一个有着10个成员的紧密家族。

这最后一个方面解决了大量的问题。例如，在一个结构里，轻子和夸克的数量相等是完全合理的，在标准模型中，轻子和夸克是全然分开的两个世界。但正如我提到的，这也有缺点。夸克和轻子之间更紧密联系的一个证明是，这种新的力能让它们相互转化。这类似于弱核力现象，在弱核力现象中，W玻色子可以将同位旋双峰的元素相互转化：电子和中微子，或上夸克和下夸克。新的对称性揭示了一种新的，即夸克和轻子也可以相互转化。

我们实在不喜欢这个想法。因为它意味着质子内部的夸克可以转变为更轻的轻子，比如电子。这有问题吗？当然！你看，这意味着质子不会永远存在，但是，所有的证据似乎又证明质子是永恒不灭的。早些时候，我们讨论了这样一个事实：实验证明质子的寿命至少有10^{34}年，比我们宇宙的年龄要长得多。需要补充的是，总是存在一个理论上的免责条款，即通过慎之又慎地调整模型的特定元素，神奇地使一切顺利进行的方法。如果你这样做，事情很快就会变得复杂且不那么"优雅"，但这是可能的。

在继续讨论如何在实验上证明统一力存在之前，让我们暂停一下，充分理解这些关于质子永恒生命下限的令人惊叹的测量。这些测量为众多理论的发展指明了方向，这是理论和实验相互作用的一个范例。

正如我提到的，实验表明质子的寿命一定比宇宙的年龄大很多倍。但你怎么证明呢？你不能在实验室里观察一个质子几十亿年来看它是否衰变，对吧？你当然不能，但你可以花几年时间来观察数十亿质子，看看它们是否会衰变。这就方便多了！有一项实验使用了超级神冈探测器，这个仪器位于日本飞驒市神冈町茂住矿山深达1000米处，用于观察在一个装满了纯净水的大水箱中的质子衰变（该水箱主要用于另一种测量）。这个实验告诉我们，如果一个质子发生衰变，它需要经过1×10^{34}多年。这个时间大概是宇宙寿命的十亿倍的十亿倍的一百万倍，也就是很长很长的一段时间。目前美国正在建造的终极中微子探测器DUNE，也把研究质子衰变视为他们研究计划的重要组成部分。

回到原始力的概念上来。虽然我们还不能研究出这个新的原始力在什么小范围内能显现出来，但幸运的是，还是有办法就此讨论一下，即证明Z粒子的存在。如果原始对称是由较小的对称组成，那么数学告诉我们，除了现在观察到的三个对称片段：$U(1)_Y$，$SU(2)_L$和$SU(3)_C$，应该还有另一个（小）片段。这一单一的$U(1)_X$对称，与其他力一样，意味着存在一个额外的力载体。在这种情况下，应该有可能在欧洲核子研究中心的质子–质子碰撞中产生并探测到那个巨大的力载体，就像我们从标准模型中产生Z玻色子一样。当然，前提是它存在，以及它衰变成我们能在探测器上看到的粒子。

在最想找到的"逃逸"粒子清单中，Z粒子名列前茅，也是欧洲核子研究中心实验中一个备受关注的研究领域。这种关注不仅源于我们对新自然力的兴趣，也因为它在碰撞中相对容易识别。如果大型强子对撞机能够将足够的能量挤压碰撞从而产生Z粒子，那么它就可能衰变成我们的探测器很容易识别的粒子，如两个μ子或两个电子。在这本书中，我们不止一次遇到了那个可以证明Z粒子存在的方法：在两个轻子不变质量的分布中寻找一个微小的峰值。换言之，就是寻找另一个高峰值。但不幸的是，欧洲核子研究中心的碰撞还没有找到任何证据证明新的Z粒子的存在。

正如你想象的，没有发现峰值让每个人都大为失望，但和大型强子对撞机启动前一样，我们对在不久的将来找到这个峰值充满希望。这可能看起来很奇怪，好像我们不愿意承认失败，仍在坚持一个错误的想法，但没有任何迹象能一对一地和力的统一是真是假或是新力量存在与否联系在一起。为什么不呢？那么，Z粒子产生的频率，以及它是否在探测器中产生可见信号取决于粒子的性质——这些性质是未知的。也许它确实存在，我们只是没有足够的能量在碰撞中产生它。或我们有足够的能量，但它不能在大型强子对撞机上产生，因为它从不与夸克或胶子耦合，毕竟我们不知道是什么给新的Z玻色子"充电"。如果粒子与夸克强耦合，那也可能是一个问题，因为这样它就不会衰变成轻子，从而在分布中显示为一个峰值。Z粒子的所有这些性质在很大程度上取决于你提出的新的、更高的对称性。没有人知道自然选择了什么样的对称。

力的统一（以及一些模型中相关的轻子和夸克的统一）仍然十分具有吸引力，我自己就是这一理论的忠实粉丝，但说实话，在找不到明确的迹象后，很难保持对它的热情。

新现象：超维空间

在物理学中，引力是一种奇怪的力。爱因斯坦的广义相对论为我们提供了描述时空动力学的一种方法。这个理论不仅可以描述苹果落地、地球绕太阳运行以及星系的聚集，甚至还能预测黑洞和引力波的存在。然而，尽管相对论是一个伟大的创造，并被成功引用了一个多世纪，物理学家对此仍感到不安。除了不能真正理解为什么空间应该弯曲并导致物体相互吸引之外，我们还对一个更小范围的问题感到疑惑。在短距离内，四种自然力中的三种可以用单一的量子理论标准模型来描述，但我们似乎无法针对引力提出量子理论。引力是无法驯服的。

当你比较小范围（原子级或以下）的引力强度和其他力的强度时，还会注意到一些奇怪的现象。三种量子力（电磁力、弱核力和强核力）的强度在那个距离上都差不多，但引力要弱得多。弱了多少呢？先深呼吸，别惊讶：引力比其他三种力弱了一百万倍的一百万倍的一百万倍的一百万倍的一百万倍的一百万倍的一百倍。当然，也可能引力"就是这样"，但我们强烈怀疑自己遗漏了什么。一定有一种更深刻的解释，而我们一定忽略了一些重要的东西，那是拼图的最后一块。但那是什么呢？

我之前讨论过一些隐藏的属性，一旦你发现它们，某些事情就能说得通。两个乍一眼看上去一样的人（相同的年龄、性格、教育背景、孩子数量，以及居住在同一个社区）很可能对很多事情有相似的想法，但对同样的情景可能会有完全不同的反应。这可能有很多简单的解释。也许是一个刚被炒了鱿鱼而另一个却升职加薪了；或一个瞎了而另一个聋了；或一个是虔诚的基督徒而另一个是无神论者。如果你不了解这些个体因素，就无法解释为什么他们的反应不同。毫无疑问，这些信息给我们的研究增加了新的维度。我认为，如果不了解与我们对话的对象的全部，就会陷入尴尬的境地。是否能摆脱这种境地取决于你的言语技能，但总的来说，这正说明了在你能真正理解这个情境之前，了解所有的因素是至关重要的。

物理学也不例外，科学历史上就有许多例子。在这些例子中，使用一个全新的视角重新审视一个熟悉且复杂的问题，突然间，问题变得非常简单，甚至合乎逻辑。在假设地球为中心的情况下，要描述太阳系中行星和太阳的轨道是非常复杂的。而后有人意识到太阳可能是中心。类似这样的新视角经常来自某个人，事后看来，这个视角其实非常明显，但在这之前居然没有人发现。同样的道理也适用于物理学的其他领域：一次又一次，观察难以解释的现象为我们理解自然增加了新的维度。这个额外的维度可能是粒子行为的一种新方式（想想量子力学）、一种新现象（如相对论）、一种全新的力（如强弱核力），甚至可能是一种之前隐藏的属性，比如电子自旋。

在物理学中，术语"维度"还有另一个字面含义：在空间中运动的自由度。直线是一维的，因为你只能在一个方向移动，无论是向前还是向后。平面（如桌面）是二维的，因为你可以向左、向右移动它。而将向上和向下的运动混合起来，我们便进入了三维空间。这就是我们习惯的空间概念，没有其他的自由度。当然，还有第四个维度，那就是时间，在这个维度里，你只能向前，这让很多人感到沮丧。除此之外，没有别的空间维度了，至少据我们所知是这样的。

1998年，尼玛·阿卡尼·哈米德、萨瓦斯·迪莫普洛斯和贾·德瓦利发表了一篇题为《毫米之处的层级问题与新维度》的论文。另一篇这一主题的论文也众所周知，那就是1999年莉萨·兰德尔和拉曼·桑壮发表的《从一个小的额外维度得到的大量层级结构》。阿卡尼·哈米德和他同事的论文是极为罕见和真正具有开创性的出版物之一，它介绍了一个简单和全新的陌生概念，为物理学最大的问题之一提供了新的视角：在这个例子中，"为什么引力如此微弱，为什么它表现得如此怪异？"他们从字面意义上增加了一个新的维度，提出可能真的有一个超维空间。一开始这个理论看起来相当激进，甚至荒谬，因为抛开时不时的疑惑不谈——怎么会存在空间这样的东西（是的，科学家正在努力试图解答这个问题），我们很难想象，除了三个熟悉的维度之外，还有另一个维度，而且，这个额外的维度如何解释相对于其他自然力引力微弱的原因，对此，我们仍不清楚。

在更详细地解释他们的想法之前，我先来做一个类比，也许能说明白超维的概念为何如此强大。如果在下一页的结尾，你发现自己喃喃自语："是的，当然，我懂了。"那么我的目标就实现了，而你则掌握了物理学中最抽象的新概念之一，这很值得在生日聚会或晚饭时吹嘘一番。

假设夏天的某一天，你和朋友在花园喝酒，这时，一只蚂蚁爬过桌子，你可以说它被困在了三维桌面上。物理学家和数学家会说蚂蚁生活在二维空间中，毕竟它只能朝两个方向移动：要么向左或向右；要么向前或向后。它没有别的选择。通常来说，你不会停下来想一想，但想象自己处于蚂蚁的位置是一个有趣且有启发性的练习：它是如何看世界的呢？

在你开始同情蚂蚁之前，我来为这个故事添加一个细节：桌子有点儿歪，右边比左边高一些。此刻，蚂蚁的脑袋里可能并没有发生什么变化，但当它走过桌面时，它很快就会注意到，向右边走比向左边走需要更多的能量。因为在蚂蚁看来，无论它面向哪个方向，整个桌面都是一样的，所以向左移动和向右移动的差别对它来说似乎是奇怪且不合逻辑的。但它还是得面对这样一个事实，即右边比左边更难走，并且要学会接受这个事实。也就到此为止了。一只聪明的蚂蚁也许能预测到如果它吐出一粒沙子，沙子总能向左滚动而不是向右，但它永远不知道为什么。

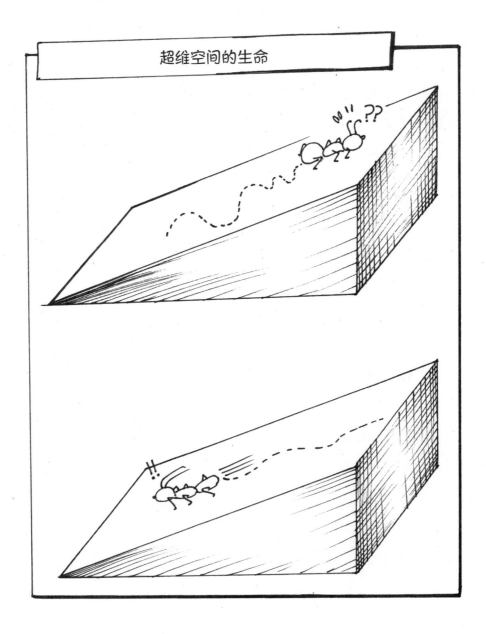

　　当然了，我们人类知道原因，因为桌子是歪的。即使你能和蚂蚁交流，你也很难让它相信存在一个超维空间。在蚂蚁看来，它不能进入额外的向上或向下的维度，它不能像你一样从第三个维度看桌子，而你的解释可能只是一个数学把戏，意图蒙蔽它的双眼。它如何判断第三维度是真实还是幻觉？

　　说服蚂蚁的一个方法是向它展示这个"把戏"也能解决其世界里的其他问题。一只聪明的蚂蚁也会对它穿过桌子时遇到的其他事情感到疑惑。当它经过一些物体时，有些物体的大小怎么可能发生变化，为什么物体会不知从何出现，又不知消失到何处？

　　作为一个读者，这个问题激发了你的想象力，而你已经读了这本书的大部分，我相信你会和我一起迈出最后一步。让我们想一想，蚂蚁看到了什么，确切地说，当它穿过桌子，无法抬头时，看到了什么。蹲下看一会儿，就在你桌子的边缘处，试着把一张纸水平放置在眼睛和桌子上方，就像遮阳板一样，这样你看到的只是一个细条。从蚂蚁的视角来看，当你看桌子上的圆玻璃杯时，你看到的只是一个小条纹，如果你绕着玻璃走（记住，蚂蚁不知道它是玻璃，它们只看到条纹），障碍物会保持相同的宽度，不管你从哪个角度看。在人类看来，这是合乎逻辑的，也许对蚂蚁来说也是。至于那些蚂蚁认为自己看到的大小变化的奇怪物体，如果桌子上的玻璃杯是方形的，那么蚂蚁从哪一边看这个杯子就很重要了。如果它直面其中一侧，那么这条条纹会比它直面其中一个角的时候短，这是因为蚂蚁看到的是对角线，条纹看起来长了40%左右。对于蚂蚁来说，这是一个奇怪的经历。所以当它围着物体走动时，它会看到一条条纹，由于某种无法解释的原因，条纹会不断变长变短。如果要让这个物体突然消失然后再出现，你只需拿起杯子再放下，即使是最疑心的蚂蚁也会相信：真的有一个超维空间。在那一刻，蚂蚁会意识到世界比它坚信的要大得多，以及人们可以在它无法察觉的情况下近距离观察它。

数学问题不常以小说的形式来描述。但埃德温·艾勃特在他的书《平面国》中却这么做了。这本旷世奇书写于100多年前（至今仍随处可见），描述了二维生物的世界，如三角形、正方形和圆形，其中有一个球体——来自第三维度的生物，他向二维生物介绍了那个新的三维世界。在书的结尾，二维生物问球体是否也存在第四维度，球体认为这个想法很荒谬，因为他无法想象第四维度。而这也正是我想问你的问题，我已经为此努力了两页了。

试着想象有一个超维空间——第四维度，就像蚂蚁一样，我们被困在三维世界里，但外面还有一个无法进入的世界。很难想象，是吧？根据我前面提到的那些20世纪晚期理论论文的作者说的，如果你能迈出这一步，那么你就会瞬间领悟到为什么引力如此微弱。从这个角度来看，这是完全合乎逻辑的。

超维空间如何解释引力的微弱

为什么超维空间能解决引力问题？实际上，它能够在很多方面改变我们对世界的看法。就像蚂蚁很可能永远不会知道你的存在，即使你俯身观察它的生活，所以，完全有可能存在一个我们无法感知的完整的世界就在附近。一个充满了难以想象的可能性的世界。即使这不是真的。它不仅是哲学家和科幻电影制作人的灵感库，也被治疗师采纳并赋予故事一个奇异的新时代的转折。当我第一次听到超维空间这个概念时，我认为这简直是胡扯，不过是我的理论界同仁在玩的又一个典型的数学把戏，毕竟我们还没有观察到任何额外维度。不过，提出这个想法的科学家在该领域有着骄人的成绩，所以我和我的同事们查阅了很多书籍，然后集思广益，试图彻底理清这个想法、这个运算和这个结果。

最终我们得到了这样的结论：如果超维空间真的存在，它就必须有一个额外的属性，我们用普通的粒子和力通常不能进入这个维度。这就是为什么我们在日常生活中看不到它。显然，我们就像蚂蚁一样，被困在了三维桌面上。但现在有一个重要的想法：假设引力可以看到超维空间。这就意味着，当其他三种自然力只在三维空间运动时，引力必须辐射到整个四维空间。所以在像纸一样薄的三维桌面上，我们只感受到作用在整个四维空间的引力的一小部分。哇！问题就这么解决了！好吧，但这是真的吗？最终，所有这些要靠我们这些三维实验物理学家来证明，或推翻这一点。那些理论物理学家已经知道他们错了，他们有如此活跃的想象力。

这个超维理论可以有几十种变化：无限大或非常小的维度，力可以部分渗入额外维度的理论，等等。就像蚂蚁一样，我们希望看到它确实存在的证据，或我们只是在追逐一片幻影。所以问题是，如果超维空间存在，你怎么看到它？毕竟所有的力（包括标准模型中的光和粒子）都无法进入那个超维空间。不过，还是有办法的。这个理论的每一个版本都暗示了，在很短的距离内，引力会显示出它的全部力量。欧洲核子研究中心的大型粒子加速器是一台足够强大的机器，可以让我们更进一步，观察到比以往任何时候都更小的范围。

在所有这些碰撞中，我们应该寻找哪些超维的线索？

引力子

如果超空间维度的理论是正确的，并且引力真的能在很小的范围内变得和其他三个维度一样强大，我们应该能够观察到引力的量子力学效应，更具体来说，引力的力载体：引力子。如果我们能在欧洲核子研究组织的质子碰撞中聚集足够的能量，那么对光子和W、Z粒子使用相同的方法，应该能产生引力子。这个粒子可以逃逸到其他空间维度，让能量突然消失。它还能突然再次出现，就像对一只蚂蚁来说，一个玻璃杯从桌上拿起就消失了，放下就又再次出现一样。能量，似乎就消失在虚无之中。

微型黑洞

超维理论可能会带来一个最为奇怪影响：引力在短距离内会变得无比强大，这也使微型黑洞的产生成为可能。你看，引力能引起奇怪的现象，是因为它有一种其他力不具备的特性。这和电磁场很像，粒子靠得越近，引力就越强。但奇怪的事情发生了。在一定的临界距离，即德国物理学家和天文学家卡尔·施瓦茨柴尔德命名的施瓦茨柴尔德半径（你可以称之为不归点），引力变得非常强大，以至于产生了一个黑洞：一个连光都无法从中逃逸的物体。

这听起来很危险，因为所有宇宙的书籍和电视连续剧中的黑洞都是极其重的东西，它会吸入周围的一切，有点儿像"宇宙吸尘器"。倘若这个理论是正确的，是否也就意味着我们可以超越欧洲核子研究中心粒子碰撞的极限，制造出微型黑洞？你可能会想："比起安全来，遗憾完全不算什么，还是不要尝试的好。"这似乎很合理：毕竟万一黑洞吞噬了地球呢？欧洲核子研究中心对待公众关心的这些问题非常认真，并详细研究了大型强子对撞机所有可能出现的可怕场景，其中就包括了微型黑洞现象。

以下是该研究的执行概要：根本没有危险。尽管大型强子对撞机以人类有史以来最高的能量将质子粉碎在一起，但在宇宙中，质子－质子碰撞的能量其实要高得多，并且每天都在地球的上层大气中发生。我们之前讨论过撞击地球的宇宙射线。那些是质子撞击上层大气中的原子核产生的。其中能量最高的宇宙射线携带的碰撞能量是大型强子对撞机的数倍，正如我们看到的，历经数十亿年宇宙射线的轰击后，地球仍然存在。

而关乎这些实验的安全性，还有一个理论上的论证：假如我们真的成功制造出了微型黑洞，它几乎会因为一个叫作霍金辐射的过程而立即蒸发。黑洞越轻，温度越高，蒸发得越快。在粒子碰撞实验中，蒸发会留下明显的痕迹。这就像早餐桌上一杯热气腾腾的茶，它会散发出热气（光子），但是当一个微型黑洞蒸发时，它会非常"民主"地散发出标准模型中的所有粒子。这种奇异的混合粒子具有独特性，就好比除夕夜燃放的烟花，这会是一个不容错过的壮观景象。

目前，大型强子对撞机上的碰撞还没有产生任何超维空间存在的证据，我们也没有看到任何神秘失踪或微型黑洞。但我们希望几年后能产生足够的能量，证明它的存在。现在熟悉的实验事实表明，超维空间的大小或结构在大型强子对撞机的能级上对我们来说仍然是不可见的。与此同时，引力的奇异弱点仍是一个未解之谜，而认为超维空间可能是其原因的想法仍然一如既往地令人着迷。

关于引力没有其他的想法吗？当然有，但不多。几年前，荷兰最著名的理论物理学家之一，阿姆斯特丹大学的埃里克·弗林德提出了一种观点：引力根本不是自然界的基本力量，而更像是一种突现的"力"，它是由空间中的基本有序原理产生的。当人们将牛奶与咖啡混合时，没有任何自然的力让它们混合均匀，而是自然发生的。这是一个被称为熵的统计现象的例子，它告诉我们，一个相当均匀的混合物比一团牛奶单独漂浮在黑咖啡中更可能存在。同样的原理也可以作为有质量的物体之间相互吸引的基础。每一位空间可能包含一定数量的信息，试图组织自己。靠得很近的物质显然组织得更好，所以看起来像是有什么东西把它们聚在了一起。

如果这是真的，它会带给我们一个全新的视角，重新看待时空和引力目前在物理学中扮演的特殊角色。不仅如此，根据弗林德的说法，当今物理学和天文学中最大问题之一的暗物质不过是一种假象。这是一个耐人寻味、非常发人深省的理论，但还不能判断它是否正确。我们不知道信息的本质或组织它的机制，每个人都在寻找一个实验性的预测，从而能够测试这个新想法。这是一个激动人心的时刻！如果暗物质的确是一种假象，而相对论以及我们对时空的理解是建立在更深层次的机制之上，那么著名的引力大师艾萨克·牛顿、阿尔伯特·爱因斯坦中可能很快就会多一个新名字：埃里克·弗林德。

像这样令人惊叹的新想法是科学进步的动力，但是，最终必须由实验来决定哪种理论能够幸存下来。

冒险仍在继续

问题仍然存在。这些"深刻的"基本问题深入宇宙的核心，思考这些问题会让我们感到有些不安。如果我们问自己，物理学中真正重要的问题是什么，下面这些是我能想到的。这些问题我并不相信我们能回答，但同样，它们确实让我晚上睡不着觉。

空间是由什么构成的，又有多大？宇宙有多大？虽然宇宙膨胀得越来越快，但我们并不知道如何制造一立方米的超维空间，以及空间是由什么构成的。而我也是最近才意识到，我们并不知道宇宙到底有多大。我们知道，今天看到的一切似乎都来自同一个点，但在目前看到的范围之外，宇宙还有很大的空间，我们永远无法看到所有的空间。宇宙的体积甚至可以是无限的。令我惊讶的是，我的同事们有时会漫不经心地谈论这个问题："有限或无限都是可能的，我们永远不会知道，所以别再担心了。"但我确实担心。我能很好地处理数学中的无穷大问题，但我无法想象，作为一个个体，我生活在一个无限大的宇宙中。那不可能是真的。不过，不管是什么情况，还有一个更大的问题：空间最初是怎么形成的？

时空有起源吗？这是另一个在科学界你不能认真提的问题。在我们目前对宇宙演化的概念中，这个问题听起来很荒谬，因为根据定义，在宇宙大爆炸之前什么都没有，就像北极以北什么都没有一样。但我觉得这个答案有点儿太简单了，就像试图通过埋头于数学来回避你的惊奇与惊讶。想想看，像时间和空间这样的东西存在是多么奇怪，对吗？当然，认为时间有过一个起点是很奇怪的。因为什么定义了这个开始？还有另一种说法，时间从来没有开始，或者说它是周期性的，但从人类的角度来看，这同样荒谬。时间的起点是一个人类无法理解的谜。然而，这个问题一直困扰着我们，我想得越久，就越感到不安。

人类的好奇心还远远没有得到满足。虽然我们学习了关于粒子物理学（包括天体粒子物理学）众多问题中的一部分，但每个科学领域都有令人着迷的谜题和尚未探索的领域。尽管真正的科学突破很少发生，但它们显然是激励我们所有人前行的动力。归根结底，这些科学进步的飞跃来自人们的惊奇和惊讶，他们寻找答案，系统地收集数据并一步步完成拼图。

如果说我们在过去的100年里真正学到了什么，那就是大自然在不断地给我们惊喜，我们还有很多的梦可以做。但最终，我们必须跨过现有边界，进入新世界。只有通过实验，我们才能发现大自然是如何运作的，以及哪些理论观点是对的，哪些是错的，然后找出对我们看待世界的方式的所有影响。

人们仍在仰望天空，就像在人类诞生之初做的那样，同时提出同样的问题：我们从哪里来？这一切是如何运作的？我们不知道离最终答案还有多远，但让我们走到这一步的冒险是非常值得的。我希望你和我一样，期待着探索面前的未知领域。正如你看到的，包括我在内的许多科学家都希望在未来的几年里，能够回答一些重大问题。我们有未解之谜，我们有美丽的梦想和对新世界的憧憬，以及各种各样和实验有关的想法，这些也许真的能带我们走到那里。让我们一起尽快跨过这一边缘，发现沿途可能出现的新粒子、力和概念——当然，如果我们成功迈出了这一步的话。出发吧！

致谢

把基本粒子世界的所有特性都写在纸上绝非易事！尤其是当我不得不在工作之余完成这些，写出来的既要有科学依据，又能让感兴趣的外行理解。尽管有这些障碍，这本书已经成为现实，而现在它就在你的手中，这完全要感谢我的编辑伯特伦·莫里茨的支持与坚持。真的非常感谢。

我还要感谢其他一些人：厄恩斯特·扬·比伊斯和尼尔斯·图宁，他们充当了我想法的传声筒，以及乔迪·德弗里斯，他检查了主要公式。感谢罗迪·范瓦尔彭，他是我每写完一章后的忠实读者。感谢萨丽娜·范德普洛格，我们在最后阶段对文本做了许多改进。我很高兴瑟琳娜·奥格罗能为我制作插图，而吉斯·惠瑟把它们整齐地放进了书中。

我要感谢耶鲁大学出版社的乔·卡拉米亚相信这本书，并决定出版它的英文版。还要感谢大卫·麦凯，他把这本书翻译成了英语，使更多的人能够了解到基本粒子世界的奇迹。

显然，没有来自家庭后方的支持，任何事情都无法完成：朱莉娅、克莱奥，还有奥利维亚，我很高兴有你们在我的生活中。女士们，这次是真的结束了。